图说建筑工种轻松速成系列

图说建筑电工技能轻松速成

主编　石敬炜

参编　何　影　赵子仪　许　洁　远程飞
　　　张　健　李　丹　赵　蕾　韩　旭
　　　李香香　于　洋　白雅君

U0191190

机械工业出版社

本书采用图解的方式讲解了建筑电工应掌握的操作技能,内容主要包括:建筑电工岗位技能基础、建筑电工基本安装操作技能、建筑工地用电源及电气机械施工设备、建筑电气工程供配电线路施工、建筑设备及照明安装、建筑电工安全用电技术等。

　　本书内容由浅入深、通俗易懂,图文并茂,可供建筑电工、电气工程技术人员阅读,也可作为建筑工人、电工技术培训院校的培训教材。

图书在版编目(CIP)数据

图说建筑电工技能轻松速成/石敬炜主编. —北京:机械工业出版社,2016.6

(图说建筑工种轻松速成系列)

ISBN 978-7-111-53765-6

Ⅰ.①图…　Ⅱ.①石…　Ⅲ.①建筑工程-电工技术-图解　Ⅳ.①TU85-64

中国版本图书馆 CIP 数据核字(2016)第 103806 号

机械工业出版社(北京市百万庄大街 22 号　邮政编码 100037)
策划编辑:薛俊高　责任编辑:薛俊高　于伟蓉　责任校对:陈延翔
封面设计:马精明　责任印制:李　洋
三河市国英印务有限公司印刷
2016 年 7 月第 1 版第 1 次印刷
184mm×260mm·13.5 印张·309 千字
标准书号:ISBN 978-7-111-53765-6
定价:39.00 元

编　委　会

主　编　石敬炜

编　委　白雅君　何　影　赵子仪　许　洁

　　　　远程飞　张　健　李　丹　赵　蕾

　　　　韩　旭　李香香　于　洋

前　言

随着我国经济建设的飞速发展，城乡建设规模日益扩大，建筑施工队伍迅速壮大，建筑电工的需求量也越来越大。现代社会的发展日新月异，电力的使用早已深入人类生活的方方面面，建筑电工技术在不断发展、创新的过程中，与自动化、计算机、通信等技术相互融合，成为当今建筑领域一个不可或缺的综合性学科。在建筑电工技术不断创新和发展的前提下，人们对建筑电气技术人员提出了更高的要求。为了快速提高建筑电工的专业能力和技术水平，以适应工作岗位的需要，我们组织相关人员编写了本书。

本书在内容编写上，具有完整的架构体系，内容由浅入深，突出实用性和针对性。每章前均附有"本章重点难点提示"，每章后均附有"本章小结及综述"，便于读者掌握重点内容。

本书可供建筑电工、电气工程技术人员阅读，也可作为建筑工人、电工技术培训院校的培训教材。

由于编者的经验和学识有限，加之当今我国建筑业施工水平的飞速发展，尽管编者尽心尽力，但书中难免有疏漏或未尽之处，敬请专家和广大读者批评指正，以便及时修正和完善。

编　者

目 录

第 1 章

建筑电工岗位技能基础

 本章重点难点提示

> 1. 了解建筑电工的基本要求，熟悉建筑电气安装工程项目的质量标准与验收交接工作。
>
> 2. 了解建筑电气工程图的类别和特点，掌握建筑电气工程图的识读方法。

1.1 建筑电工的基本要求

1.1.1 建筑电工必须持证上岗

随着电气技术的飞速发展，越来越多的电气设备已被广泛应用到各行各业和千家万户，因此从事电气工作的人员需求量也将越来越大，提高广大电工技术工作人员的基本素质和加强电工技术培训成了当务之急。电工作为特殊工种，根据国家有关部门的规定，相关人员必须经过专业技术培训并经考试合格，取得操作证后，方能持证上岗从事专业电工工作。所以，从事电工工作的人员或想从事电工技术工作的学员必须掌握一些必要的专业电工技术技能，并熟知一定的安全知识，才能够从事好这种专业技术性及安全性极强的电工工作。

安全对于电工工作是重中之重，安全生产关系到人身安全及设备安全的方方面面，具有十分重要的意义。安全渗透在电工作业和电力管理的各个环节中，搞好电工作业安全生产是关系到生命和财产的头等大事。对电气安全工作的重要性认识不足，电气设备的结构或装置不完善，安装、维修和使用不当，错误操作或违章作业等，均可能造成触电、短路、线路故障、设备损坏、遭受雷击、静电危害和电磁场危害，或是引发电气火灾和爆炸等事故。这些事故除了会造成人员伤害之外，还可能造成大面积停电，给国民经济带来不可估量的损失。

近年来，为了进一步完善电气安全技术管理，国家有关部门颁布了一系列法规、规程、标准及制度，对于确保电气安全、预防电气事故起到了积极的推动作用，同时也为电气管理工作逐步走向规范化、科学化、现代化奠定了良好的基础。当前国家颁布的电气安全方面的法规、标准、条例非常多，可供学习的有《全国供用电规则》《电力工业技术管理法规》《电业安全工作规程》《电气事故处理规程》《农村低压安全用电规程》《手持式电动工具的管理、使用、检查和维修安全技术规程》等。搞好电气安全工作，必须要坚持"安全第一，预防为主"的方针，严格执行各项规章制度，认真执行安全技术措施和反事故技术措施。只有搞好电气安全工作才能够为生产、生活服务。

1.1.2 电工及用电人员临时用电基本要求

1. 电工要求

（1）年满 18 周岁，身体健康，无妨碍从事本职工作的疾病、生理缺陷及其他规定条件。

（2）具有初中及以上文化程度，具备电工安全技术、电工基础理论和专业技术知识，并有一定的实践经验。

（3）建筑电工必须经考核合格，领取建筑施工特种作业操作资格证书，并在有效期内持证上岗。

（4）新取证并从事电工作业的人员，必须在有经验的持证人员的现场指导下进行作业；见习期或是学徒期满后，经单位考核合格后方可独立作业。

（5）电工的技术等级应当同工程的难易程度和技术复杂性相适应。技术难度高的用电工程必须由高等级的电工操作，不能由技术等级低的电工操作。

（6）取得建筑施工特种作业操作资格证书的作业人员，必须定期（两年）参加复审培训。未经复审或是复审不合格者，不得继续独立作业。

（7）安装、巡检、维修或拆除临时用电设备和线路，必须由电工完成。

（8）其他用电人员必须通过相关教育培训和技术交底，考核合格后方可上岗工作。

2. 用电人员要求

各类用电人员应当掌握安全用电基本知识且熟悉所用设备的性能，并应当符合下列规定：

（1）严格按照施工用电安全技术操作规程、机械设备安全技术要求进行施工作业。

（2）使用电气设备前必须按照规定穿戴和配备好相应的劳动防护用品。

（3）在作业前应当检查电气装置和保护设施，严禁设备带"缺陷"运转。

（4）妥善保管和维护所用设备，发现问题及时报告解决。

（5）暂时停用设备的开关箱必须分断电源隔离开关，并应当关门上锁。

（6）移动电气设备必须在电工切断电源并做妥善处理后进行。

1.1.3 电气安装施工要求

1. 照明线路施工要求

（1）照明线路明敷。导线截面面积在 $4mm^2$ 以下的用瓷夹板固定；导线截面面积在 $10mm^2$ 以下的用鼓形绝缘子固定；多股导线和导线截面面积在 $16mm^2$ 以上的用针式或是蝶式绝缘子固定。

照明导线固定点最大间距有如下规定：瓷夹板为 0.6m；瓷珠为 $1.5\sim2.5m$；瓷绝缘子为 3m。做导线接头时，不能降低导线的机械强度，不增大导线的电阻，不降低导线的耐压等级。

（2）照明线路暗敷。照明线路暗敷就是将保护管埋在地板内、墙体内、现浇混凝土梁板中、土中或是混凝土板缝中等，照明线路导线穿在保护管中。

（3）接地线的敷设。接地线不能敷设在白灰、炉渣层内，无法避开时，用水泥浆封闭保护。

2. 外线电缆施工要求

（1）直埋电缆经过道路、建筑物时，要穿保护管；引入引出地面时，在距地面下 $0.15\sim0.25m$ 处至地上 2m 处，以及各种管道、沟道和电缆易损伤处，都要穿保护管。

（2）电缆穿管的直径要求。电缆长 30m 以内时，管的内径不小于电缆外径的 1.5 倍；电缆长度超过 30m 时，管的内径不小于电缆外径的 2.5 倍。三芯电缆不能当作一根使用，这是因为在电缆的金属铠装中会产生感应电流，会使发热、损耗增大。

3. 混凝土电杆起吊要求

（1）从杆顶端 $1/3\sim1/2$ 处起吊，或是从根部的 $1/2\sim2/3$ 处起吊。

（2）在顶部 0.5m 处拴 3 根调整绳，确保重心稳定。

4. 照明设备的安装要求

（1）照明支路的负载量不能超过 15A，出线口不得超过 20 个。支路总电流为 10A 时，出线口不得超过 25 个。

（2）导线用绝缘导线。碘钨灯距易燃物不小于 3m。灯高不低于 2.4m，否则应当做保护线或是接零。室外用防水灯头，装防水装置。聚光灯每一盏灯都要装熔断器。螺口灯头必须将螺纹口接零线。大型灯具的金属外壳必须接地。事故照明要用专用线，并用标志出。易燃易爆场合，要用防爆灯。

5. 动力用电设备的安装要求

（1）电动机在接线前核对接线方式，用绝缘电阻表测试绝缘电阻值。

（2）40kW 以上电动机应当加装电流表。

（3）控制设备较远时，在电动机附近设置紧急停车装置。动力用电设备采用单机单开关，不许一个开关多机使用。

（4）动力设备要有接地接零保护，控制设备要有短路保护、过载保护、断相保护及漏电保护。

（5）机械旋转部分要有防护罩。

1.2 建筑电气安装工程项目的质量标准与验收交接

1.2.1 建筑电气安装工程项目的质量标准

电气工程项目的质量标准采取"三不放过"的原则——事故原因未查明不放过，责任未分清不放过，措施制度未出台不放过，以确保工程质量合格，争取成为优质工程。

电气质量标准分为合格和优良。合格是指工程质量全部合格，资料齐全，观感质量评定得分率在70%以上。优良除工程质量全部合格外，50%以上为优良，观感质量评定得分率在85%以上。

1. 照明质量标准

照明质量除了照度值之外，还有照度均匀度、暗光度、色温、显色指标、功率因数、平均寿命、电压变化等。

（1）照度值及电光源。通常照明的照度值不低于工作面照度值的1/5。局部照明的照度值为工作面总照度值的1/5～1/3，并且不低于50lx。电光源功率与数量的确定，应当满足建筑规范的最低温度标准。对于暖色调电光源，在温度较低时有舒适感，对冷色调的荧光灯，在温度较高时才有舒适感。

（2）照度均匀度。均匀度指的是最低照度和平均照度之比。如室内照明均匀度不小于0.4，办公室均匀度不小于0.7。

（3）眩光限制。直接眩光限制质量等级按眩光等级分为3级，其中Ⅰ级的房间，当采用发光顶棚时，发光面的亮度在眩光角的范围内应不大于500cd/m²。

2. 照明供电的电压标准

（1）安全电压标准：潮湿场所不超过24V，手提灯电压不超过12V。

（2）照明供电标准：线路电流不超过30A时，单相220V供电；用三相四线供电时，单相支路电流不超过15A。

1.2.2 建筑电气工程的验收交接

合同所签订的电气工程安装完毕之后，须经过一定时间的使用，以确认安装施工方安装质量完好，符合安全、质量标准，然后由用户方代表签字验收，在这之后才能够正式投入使用。即电气工程只有经过工程技术人员验收，符合用户方的要求，在交接单上签字后才能够正式投入使用。

1. 电气工程验收的意义

电气工程施工结束之后，必须进行质量验收。合格后，办理交接手续。质量验收应当根据国家规定的安全用电标准、防火消防标准、技术标准和质量标准。质量验收可避免因工程不合格而给国家和集体造成损失，故意义重大。

2. 电气工程的验收阶段

验收阶段分为自检验收阶段、成立验收小组阶段及交工验收阶段。

（1）自检验收阶段。由施工单位检查施工质量是否合格，技术资料是否齐全；发现问题，及时处理；充分做好交接验收的准备工作，并提交验收报告。

（2）成立验收小组阶段。验收小组由以下单位和个人组成：建设单位、设计单位、施工单位、当地质检部门和有关工程技术人员。

（3）交工验收阶段。根据验收报告，逐项检查施工质量，例如安全、技术、质量标准。应当预留 5%~10% 的工程款作质量保证金，经过一年试用后没有出现任何问题，予以结算完毕。验收过程中若发现问题，由施工方整改，整改完后，经有关各方签署意见，合格后，签字生效。

1.3 建筑电气工程识图

1.3.1 建筑电气工程图的类别

建筑电气工程图是应用非常广泛的电气图之一。建筑电气工程图可以表明建筑电气工程的构成规模及功能，详细描述电气装置的工作原理，提供安装技术数据和使用维护方法。随着建筑物的规模和要求的不同，建筑电气工程图的种类和图样数量也不同，常用的建筑电气工程图主要包括以下几类：

1. 说明性文件

（1）图样目录。内容有序号、图样名称、图样编号、图样张数等。

（2）设计说明（施工说明）。主要阐述电气工程设计依据、工程的要求和施工原则、建筑特点、电气安装标准、安装方法、工程等级、工艺要求及有关设计的补充说明等。

（3）图例。即图形符号和文字符号，一般只列出本套图样中涉及的一些图形符号和文字符号所代表的意义。

（4）设备材料明细（零件表）。列出该项电气工程所需要的设备和材料的名称、型号、规格及数量，供设计概算、施工预算及设备订货时参考。

2. 系统图

系统图是用单线图表示电能和电信号按回路分配出去的图样，主要表示各个回路的名称、用途、容量以及主要电气设备、开关元件及导线电缆的规格型号等。通过电气系统图可以知道该系统的回路个数及主要用电设备的容量、控制方式等。建筑电气工程中系统图用得很多，动力、照明、变配电装置、通信广播、电缆电视、火灾报警、防盗保安、微机监控、自动化仪表等均要用到系统图。

3. 平面图

电气平面图是表示电气设备、装置与线路平面布置的图样，是进行电气安装的主要依据。电气平面图是以建筑平面图为依据，在图上绘出电气设备、装置及线路的安装位置、敷设方法等。常用的电气平面图包括变配电所平面图、室外供电线路平面图、动力平面图、照明平面图、防雷平面图、接地平面图、弱电平面图等。

4. 布置图

布置图是表现各种电气设备和器件的平面与空间的位置、安装方式及其相互关系的图样，一般由平面图、立面图、剖面图及各种构件详图等组成。通常来说，设备布置图是按三视图原理绘制的。

5. 接线图

安装接线图在现场常被称为安装配线图，是用来表示电气设备、电器元件和线路的安装位置、配线方式、接线方法、配线场所特征的图样。

6. 电路图

电路图在现场常被称为电气原理图，是用来表现某一电气设备或系统的工作原理的图样。电路图是按照各个部分的动作原理图采用分开表示法展开绘制的。通过对电路图的分析，可清楚地看出整个系统的动作顺序。电路图可以用来指导电气设备和元器件的安装、接线、调试、使用与维修。

7. 详图

详图是表现电气工程中设备的某一部分的具体安装要求及做法的图样。

8. 图例

图例是用表格的形式列出该系统中使用的图形符号和文字符号，目的是使读者容易读懂图样。

1.3.2 建筑电气工程图的特点

建筑电气工程图的特点可以概括为以下几点：

（1）建筑电气工程图通常是采用统一的图形符号并加注文字符号绘制出来的，属于简图。由于构成建筑电气工程的设备、元件及线路很多，结构类型不一，安装方法各有不同，故只有借助统一的图形符号与文字符号来表达才比较合适。绘制、阅读建筑电气工程图，首先就要明确和熟悉这些图形符号所代表的内容和含义，以及它们之间的相互关系。

（2）任何电路都必须构成闭合回路。只有构成闭合回路，电流才可以流通，电气设备才能够正常工作，这也是我们判断电路图正误的最重要条件。一个电路一般包括4个基本要素：电源、用电设备、导线及开关控制设备，如图1-1所示。

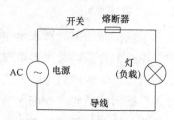

图1-1　电路的基本组成

（3）电路中的电气设备、元件等，彼此间均是通过导线连接起来而构成一个整体的。导线可长可短，可以方便地跨越较远的空间距离，因此建筑电气工程图有时就不像机械工程图或建筑工程图那样集中、直观。有时电气设备安装位置在甲处，而控制设备的信号装置、操作开关可能在很远的乙处，而两者又不在同一张图样上。只有了解它的这一特点，将各有关的图样联系起来，对照阅读，才能够很快地实现读图的目的。通过系统图、电路图找联系，通过布置图与接线图找位置，交错阅读，这样读图的效率才会提高。

（4）建筑电气工程施工是与主体工程（土建工程）及其他安装工程（给水排水管道、供暖通风的空调管道、供热管道、通信线路、消防系统及机械设备等安装工程）施工相互配合进行的，所以建筑电气工程图与建筑结构图及其他安装工程图不得发生冲突。电气设备的安装方法与墙体结构、楼板材料有关；线路的走向不仅与建筑结构的梁、柱、门、窗、楼板的位置及走向相关，还与管道的规格、用途及走向等有关；一些暗敷的线路、各种电气预埋件及电气设备基础与土建工程更是密切相关。因此在阅读建筑电气工程图时，要对应阅读有关的土建工程图与管道工程图，了解其相互之间的配合关系。

（5）建筑电气工程的位置简图（施工平面布置图）是用投影与图形符号来代表电气设备或是装置绘制的，因此它的识读要比其他工程的透视图难度大。投影法在平面图中无法反映空间高度（空间高度的表达一般是通过文字标注或文字说明来实现的），因此，在读图时要先建立起空间立体的概念。图形符号无法反映设备的尺寸，设备的尺寸是通过阅读设备手册或设备说明书获得的。图形符号所绘制的位置并不一定是按比例给定的，它只代表设备出线端口的位置，所以在安装设备时，要结合实际情况来准确定位。

（6）对于设备的安装方法、质量要求以及使用、维修方面的技术要求等建筑电气工程图常常无法完全的反映出来，也没有必要全部标注清楚，这是因为这些技术要求在有关的国家标准和规范、规程中都有明确的规定，所以为了保持图面的清晰，只要在说明栏中说明"参照××规范"即可。我们在阅读图样时，有关安装方法与技术要求等问题，要注意参照有关标准图集和有关执行规范，这样才能满足进行工程造价和安装施工的要求。

了解建筑电气工程图的主要特点，有助于我们提高识图的效果，尽快完成读图目的。

1.3.3 建筑电气工程图识读要求

建筑电气工程图识读要求主要包括：

（1）看图上的文字说明。文字说明的主要内容包括：施工图图样目录、设备材料表及施工说明等三部分。比较简单的工程只有几张施工图样，往往不单独编制施工说明，一般将文字说明内容表示在平面图、剖面图或是系统图上。

（2）看清图上电源从何而来，采用何种供配电方式，使用多大截面的导线，配电使用哪些电气设备，供电给哪些用电设备。

（3）在看比较复杂的电气图时，首先看系统图，了解由哪些设备组成，有多少个回路，每个回路的作用与原理。然后再看安装图、平面图，了解各个元件和设备具体安装位置，如何进行连接，采用何种敷设方式，如何安装等。

（4）熟悉建筑物的外貌、结构特点、设计功能，结合电气施工图和施工说明，研究施工方法。

(5) 根据电气图掌握施工中与其他专业的施工配合。

1.3.4 建筑电气工程图识读基本方法

(1) 在识图时首先要看图样的有关说明。图样说明包括图样目录、技术说明、器材明细表和施工说明书等。看懂这些内容有助于了解图样的大体情况、工程的整体轮廓、设计内容及施工要求等。

(2) 在识读电气原理图时要先看主电路。其识读顺序一般是由下向上，即先看主电路的用电设备，再看主电路中的控制元器件，然后看其他元器件，最后看电源。要弄清用电设备的电源供给情况、电源要经过哪些元件到达负载、各元器件的作用等问题。

(3) 识读辅助电路图通常是由上向下或从左往右，要分四步进行：

1) 看清电源的种类及辅助电路的电源走向。

2) 由辅助电路研究主电路的动作情况。

3) 分析电气元器件之间的关系。

4) 看清其他电气设备及元器件的作用和线路走向。

(4) 识读安装接线图也要先看主电路。主电路由电源开始顺次向下看，直至终端负载，主要弄清用电设备通过哪些电气元器件来获得电源。而识读辅电路时要按每条小回路看，弄清辅助电路如何控制主电路的动作。

(5) 在识读照明电路的图样时，要先了解照明原理图与安装图所表示的基本情况；再看供电系统，即弄清电源的形式、外设导线的规格及敷设方式；然后看用电设备，要弄清图中各种照明灯具、开关及插座的数量、形式和安装方式；最后看照明配线。

1.3.5 识读照明平面图

1. 照明平面图识读基本知识

在照明平面图上需要表达的内容主要包括：电源进线位置，导线根数、敷设方式，灯具位置、型号及安装方式，各种用电设备的位置等。

照明器具在平面图上往往用图形符号加文字标注来表示。灯具的一般符号是一个圆，单管荧光灯的符号是"工"字形，插座符号内涂黑表示嵌入墙内安装。具体的图例符号见国家标准《建筑电气制图标准》（GB/T 50786—2012）。

为了在照明平面图上表示出不同的灯，通常将一般符号加以变化。比如，灯具将圆圈下部涂黑表示壁灯，圆圈中画"×"表示信号灯；照明开关将一般符号上加以短线表示扳把开关，两短线表示双联，n 个短线表示 n 联开关，t 表示延时开关，小圆圈两边出线表示双控，加一个箭头表示拉线开关等。在照明平面图中，文字标注主要是照明器具的种类、安装数量、灯泡的功率、安装方式、安装高度等。其具体表达形式为：

$$a-b\frac{c \times d \times L}{e}f$$

式中　a——某场所同类型照明器具的套数，一般在一张平面图中各类型灯分别标注；

　　　b——灯具类型代号，可以查阅施工图册或产品样本；

　　　c——照明器内安装灯泡或灯管数量，一般一个或一根可以不表示；

　　　d——每个灯泡或灯管的功率（W）；

　　　L——光源种类（通常省略，不标）；

　　　e——照明器具底部距本层楼地面的安装高度（m）；

　　　f——安装方式代号。灯具安装方式标注的文字符号见表1-1。

表1-1　灯具安装方式的标注的文字符号

序号	名　称	代　号	序号	名　称	代　号
1	线吊式	SW	7	吊棚内安装	CR
2	链吊式	CS	8	墙壁内安装	WR
3	管吊式	DS	9	支架上安装	S
4	壁装式	W	10	柱上安装	CL
5	吸顶式	C	11	座装	HM
6	嵌入式	R			

2. 照明平面图识读实例

（1）识读目标。能够看懂电气照明平面图，配合概略图理清供电电源的走向，熟练理解平面图上配电线路和用电设备的敷设和安装技术要求。

（2）识读准备。提前准备好训练用的电气照明平面图。

（3）识读注意事项。在读图时要首先从整体上了解图中所表示的信息，并要注意图上所表达的建筑物结构、施工要求等非电信息。

（4）识读步骤

1）首先识读供电概略图，例如图1-2。

由概略图可知，此楼层电源引自第5层，单相220V，经照明配电箱，分成三路分干线，送至各场所。

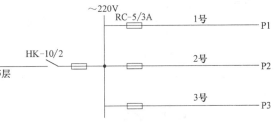

图1-2　某办公楼第6层供电概略图

2）识读，如图1-3所示的某办公楼第6层电气照明平面图。

图中的照明设备包括灯具、开关、插座及电扇等。照明灯具有荧光灯、吸顶灯、型灯、花灯（6管荧光灯）等。灯具的安装方式包括管吊式、吸顶式、壁装式等。例如：

$$3-Y\frac{2\times40}{2.5}C(1号房间)$$

表示此房间有3盏荧光灯，每盏灯有2支40W灯管，安装高度2.5m，吸顶式安装。

$$6-J\frac{1\times40}{}C(走廊及楼道)$$

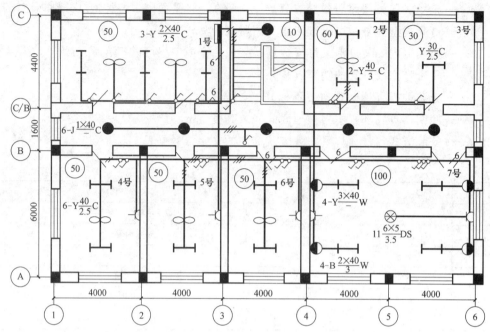

图 1-3　某办公楼第 6 层电气照明平面图

表示走廊及楼道有 6 盏水晶底罩灯，每盏灯有 1 支 40W 灯管，吸顶安装。

3）对线路中的电力负荷进行统计，见表 1-2。

表 1-2　线路电力负荷统计

线路编号	供电场所	负荷统计			
		灯具/个	电扇/个	插座/个	计算负荷/kW
1#	1 号房间、走廊、楼道	9	2	—	0.41
2#	4、5、6 号房间	6	3	3	0.42
3#	2、3、7 号房间	12	1	2	0.47

1.3.6　识读电力平面图

1. 电力平面图识读基本知识

用来表示电动机等动力设备、配电箱的安装位置和供电线路敷设路径、方法的平面图，称之为电力平面图。

（1）电力线路的表示方法。电力线路在平面图上采用图线和文字符号相结合的方法表示出线路的走向，导线的型号、规格、根数、长度、线路配线方式、线路用途等。如图 1-4 所示为电力线路在平面图上的表示方法。

在图中，线路符号 WP2-BLX-3×4-PC20-FC 的含义是：第 2 号动力分干线（WP2）；铝芯橡皮绝缘导线（BLX），导线的数量为 3 根，规格为 4mm^2，穿入直径为 20mm 的硬塑料管（PC），沿地面暗敷（FC）。

（2）电力平面图表示的主要内容。电力平面图是用图形符号及文字符号表示某一建筑物内各种电力设备平面布置的简图，所表示的主要内容是：

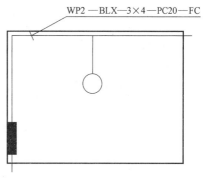

图 1-4　电力线路在平面图上的表示方法

1）电力设备（主要是电动机）的安装位置、安装标高。

2）电力设备的型号、规格。

3）电力设备电源供电线路的敷设路径、敷设方法、导线根数、导线规格、穿线管类型及规格。

4）电力配电箱安装位置、配电箱类型、配电箱电气主接线。

（3）电力平面图与电力系统图（概略图）的配合。电力平面图与电力系统图相配合，才能够清楚地表示某建筑物内电力设备及其线路的配置情况。所以，阅读电力平面布置图必须与电力系统图相配合。

电力系统图包括两种类型，一种是比较抽象的电气系统图，它只概略表示整个建筑物供电系统的基本组成、各分配电箱的相互关系及其主要特征；另一种是比较具体的配电电气系统图，它主要表示某一分配电箱的配电情况。这种系统图一般采用表图的形式。

（4）电力平面图与电气照明平面图的比较。对于一般的建筑工程，电力工程与照明工程相比，其工程量和复杂程度要大得多，但因下面的原因，使得电力平面图较电气照明平面图在形式上要简单得多。

1）电力设备通常比照明灯具等数量要少。

2）电力设备通常布置在地面或楼面上，而照明灯具等需要采用立体布置。

3）电力线路通常采用三相三线供电，而照明线路的导线根数一般很多。

4）电力线路采用穿管配线的方式多，而照明线路配线方式要多样一些。

2. 电力平面图识读实例

（1）识读目标。看懂配电线电缆的布置、走向、型号、规格、长度（由建筑物尺寸确定）、敷设方式及穿线管规格等，理清配电箱的位置和进出线特点，看懂电动机的位置要求及电动机的型号、规格等。

（2）识读准备。提前准备好训练用的电力线路平面图。

（3）识读注意事项。在读图时要注意先总体后局部的原则，读懂图中所表示的信息，并做好归纳记录。

（4）识读步骤。图 1-5 所示为某车间电力平面图，它是在建筑平面图基础上绘制出来的。该车间主要由 3 个房间组成，车间采用尺寸数字定位（没有画出定位轴线）。这三个房间的建筑面积分别为：8m×19m＝152m²；32m×19m＝608m²；10m×8m＝80m²。图 1-6 所示为某车间电力干线配置图，表 1-3 为某车间电力干线配置情况。

1）配电干线。配电干线主要是指外电源至总电力配电箱（0 号）、总配电箱至各分电力配电箱（1~5 号）的配电线路。

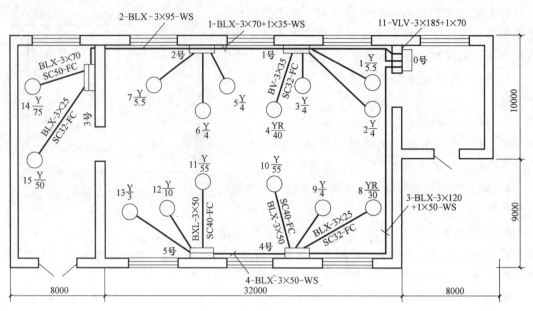

图 1-5　某车间电力平面图

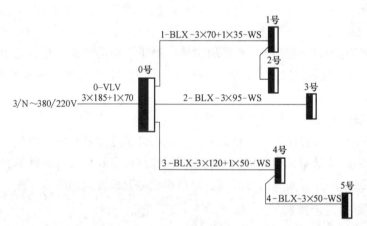

图 1-6　某车间电力干线配置图

表 1-3　某车间电力干线配置

线缆编号	线缆型号及规格	连接点		长度/m	敷设方式
		I	II		
0	VLV-3×185+1×70	42 号杆	0 号配电箱	150	电缆沟
1	BLX-3×70+1×35	0 号配电箱	1、2 号配电箱	40	WS
2	BLX-3×95	0 号配电箱	3 号配电箱	50	WS
3	BLX-3×120+1×50	0 号配电箱	4 号配电箱	42	WS
4	BLX-3×50	4 号配电箱	5 号配电箱	30	WS

　　图 1-5 所示的平面图较详细地描述了这些配电线路的布置，如线缆的布置、走向、型号、规格、长度（由建筑物尺寸数字确定）、敷设方式等。例如，由总电力配电箱（0 号）

至4号配电箱的线缆，图中标注为 BLX-3×120+1×50-WS，表示导线型号为 BLX，3根相线截面面积均为 120mm²，零线截面面积为 50mm²，沿墙敷设，采用瓷绝缘子。

2）画出电力干线配置图，如图 1-6 所示。

3）电力配电箱。这个车间一共布置了6个电力配电箱，其中：0号为总配电箱，布置在右侧配电间内，电缆进线，3条回路出线分别至1、2、3、4、5号电力配电箱。

1号配电箱，布置在主车间，4条回路出线。

2号配电箱，布置在主车间，3条回路出线。

3号配电箱，布置在辅助车间，2条回路出线。

4号配电箱，布置在主车间，3条回路出线。

5号配电箱，布置在主车间，3条回路出线。

4）电力设备。图 1-5 所描述的电力设备主要是电动机，各种电动机按序编号为 1~15，共15台电动机。图中分别给出了各电动机的位置、电动机的型号、规格等。因为图是按比例绘制的，所以，电动机的位置可用比例尺在图上直接量取，必要时还应参阅有关的建筑基础平面图、工艺图等确定。

5）配电支线。由各电力配电箱至各电动机的连接线，称为配电支线，图中详细描述了15条配电支线的位置、导线型号、规格、敷设方式、穿线管规格等。

如图 1-5 所示，中各电动机配线除注明者外，其余均为 BLX-3×2.5-SC15-FC。也就是说，图示各小功率电动机，均采用 BLX 型导线（铝芯橡皮绝缘线），3根相线截面面积均为2.5mm²，穿入管径为 15mm 的钢管（SC15），沿地板暗敷（FC）。较大功率电动机的配线情况分别标注在图上。

 本章小结及综述

本章主要讲述了建筑电工的技能基础，包括建筑电工的基本要求、电气安装工程项目质量标准和验收交接、建筑电气工程识图等。

建筑电工承担着一个工程项目，肩负着重要的任务，从材料选购到安装，容不得半点疏忽。质量是企业的生命，电气安装质量要符合用户的要求。因此，建筑电工不仅要掌握临时用电要求和电气安装施工要求，还要掌握电气安装质量标准及验收等事项。

建筑电气工程图是阐述建筑电气系统的工作原理，描述建筑产品的构成和功能，用来指导各种电气设备、电气线路的安装、运行、维护和管理的图样。通过本章的学习，建筑电工应当掌握建筑电气工程图的识读方法，会看电气工程图。

第 2 章

建筑电工基本安装操作技能

 本章重点难点提示

1. 掌握电工常用工具的结构、性能和正确的使用方法。
2. 了解常用低压电器的结构，掌握低压电器的选用及安装。
3. 掌握建筑电工搬运吊装技能。
4. 掌握建筑电气设备用铁件、支架及管路的预制加工技能。
5. 掌握建筑电气线路用预埋件的预埋操作技能。

2.1 建筑电工常用工具使用

2.1.1 验电笔

验电笔是用来测量电源、电路是否有电的小工具，形状像支钢笔，因此叫作验电笔。验电笔分高压验电笔和低压验电笔。除了常用的低压验电笔外，还有自行设计制作的音乐验电器，它们具有体积小、质量轻、携带方便、检验简单等优点。下面主要介绍常用的低压验电笔。

常用验电器有钢笔形的，也有一字形螺钉旋具（螺丝刀）式的（图 2-1a）。感应式外形如图 2-1b 所示。验电笔的前端是金属探头，后部塑料外壳内装配有氖泡、电阻和弹簧，还有金属端盖或钢笔形挂钩，这是使用时手触及的金属部分，如图 2-1c 所示。普通低压验电笔的电压测量范围为 60~500V，低于 60V 时电笔的氖泡可能不会发光显示，高于 500V 的电压则不能用普通验电笔来测量。必须提醒应用电工初学者，切勿用普通验电笔测试超过

500V 的电压。当用验电笔测试带电体时，带电体上的电压经笔尖（金属体）、电阻、氖泡、弹簧、笔尾端的金属体，再经过人体接入大地，形成回路。带电体与大地之间的电压超过 60V 后，氖泡便会发光，指示被测带电体有电。正确的测试使用方法如图 2-1d 所示。

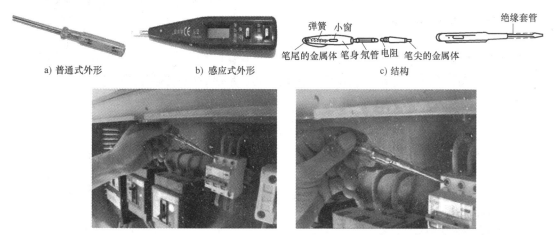

a) 普通式外形　　　　b) 感应式外形　　　　c) 结构

d) 验电笔使用

图 2-1　验电笔

2.1.2　电工刀

电工刀结构如图 2-2 所示。电工刀是一种剖削导线线头、削制木榫的电工常用工具。使用电工刀时，刀面与导线应成较小的锐角（图 2-3），刀口应朝外（图 2-4）。由于电工刀手柄没有绝缘保护，因此不能在带电导线上使用。电工刀不许代替锤子敲击使用。电工刀用完后，应立即将刀身折入手柄内。

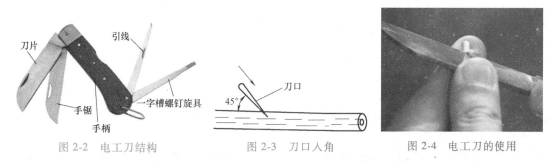

图 2-2　电工刀结构　　　　图 2-3　刀口入角　　　　图 2-4　电工刀的使用

电工刀的刀刃部分要磨得锋利才好剥削电线，但不可以太锋利。太锋利容易削伤线芯，而磨得太钝，则无法剥削绝缘层。通常采用磨刀石或油磨石磨刀刃，磨好后再将底部磨点倒角，即刃口略微圆一些。对双芯护套线的外层绝缘的剥削，可用刀刃对准两芯线的中间部位，将导线一剖为二。

2.1.3　螺钉旋具

螺钉旋具外形如图 2-5 所示。螺钉旋具又叫作螺丝刀、起子、改锥、旋凿，有十字槽和一字槽两种，是紧固和拆卸螺钉的工具。螺钉旋具的规格有四种：Ⅰ号适用于直径 2.0~2.5mm 的螺钉，Ⅱ号适用于 3~5mm 的螺钉，Ⅲ号适用于 6~8mm 的螺钉，Ⅳ号适用于 10~12mm 的螺钉。

图 2-5　螺钉旋具实物图

使用螺钉旋具时一定要选择与螺钉规格合适的刀口，否则会损坏螺钉或元器件。如图 2-6 所示，电工使用的螺钉旋具必须带有完整的绝缘套管，握住螺钉旋具手柄时不得触及金属部分。在木制品上固定元器件时，应当先用螺钉旋具在木制品上扎眼儿，再用螺钉旋具拧入螺钉，不得将螺钉打入木制品后再用螺钉旋具拧紧。

2.1.4　钢丝钳

钢丝钳（图 2-7）由钳头、钳柄及钳柄绝缘柄套组成，其绝缘柄套可耐压 500V。

图 2-6　螺钉旋具的使用

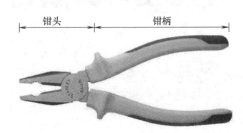

钳头　　　　钳柄

图 2-7　钢丝钳

钢丝钳可以钳夹和弯绞导线头（图 2-8），其齿口可以用来紧固或起松螺母（图 2-9），刀口则可以用来剪切导线或剖切软导线绝缘层，铡刀能用来铡切电线线芯和钢丝、铅丝等软硬金属。常用的钢丝钳规格有 150mm、175mm 及 180mm 三种。

在使用钢丝钳时要注意：

1）首先检查绝缘套是否完好。

2）在剪切带电导线时，不能将相线和零线或不同相的相线放在一个钳口内同时切断。

3）钳头不能作为撬杠或是锤子使用。

4）爱护绝缘套柄。

图 2-8　钢丝钳的使用（一）

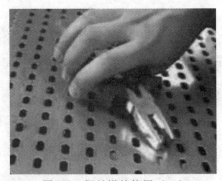

图 2-9　钢丝钳的使用（二）

2.1.5 尖嘴钳

尖嘴钳（图2-10）由钳头和钳柄组成，其头部细长呈圆锥形，能在狭小的工作环境中夹持轻巧的工件或线材，也能剪切、弯折细导线（图2-11）。尖嘴钳的绝缘柄的耐压等级为500V。

图 2-10　尖嘴钳实物图

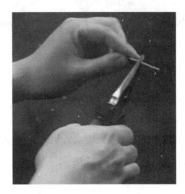

图 2-11　尖嘴钳的使用

尖嘴钳根据钳头的长度可以分为短钳头（钳头为钳子全长的1/5）和长钳头（钳头为钳子全长的2/5）两种。常用的规格有130mm、160mm、180mm、200mm四种。

2.1.6 斜口钳

斜口钳（图2-12）又叫作断线钳，由钳头、钳柄和绝缘手柄组成，由于剪切口与钳柄成一定角度，可以用于剪切较粗的导线或其他金属丝。在比较狭小的设备内，斜口钳还可以用于剪切薄金属片、细金属丝或剖切导线的绝缘层等。另外，因为斜口钳的绝缘手柄能承受1000V的电压，所以也能够带电剪切导线（图2-13）。

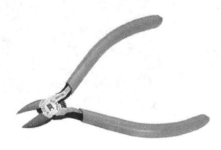

图 2-12　斜口钳实物图

图 2-13　斜口钳的使用

2.1.7 剥线钳

剥线钳（图2-14）是由钳头和手柄两部分组成的，而钳头又是由压线口和切口两部分组成的。如图2-15所示，剥线钳是电工剥削导线绝缘层的专用工具，其钳头的切口处分布有直径为 0.5~3mm 的多个切口，能够适应不同规格的导线。在使用剥线钳时，要注意切口不能小于被切导线的直径，以免剥伤线芯。

图 2-14 剥线钳实物图

图 2-15 剥线钳的使用

2.1.8 扳手

扳手（图 2-16）是一种用来紧固或起松螺栓的工具。其中活扳手（图 2-1a）由头部和手柄组成，头部又由活扳唇、呆扳唇、蜗轮和轴销等组成。

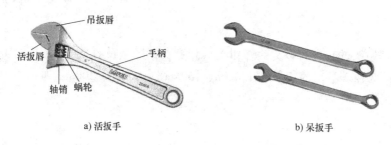

a) 活扳手   b) 呆扳手

图 2-16 扳手

在使用活扳手时，应将扳唇压紧螺栓的平面（图 2-17）。扳动大螺母时，手应当握在近柄尾处。扳动较小的螺栓时，应当握在接近头部的位置。使力时手指要随时旋调蜗轮，收紧活扳唇，以防止打滑。活扳手不能反用，以免损坏活扳唇，更不可用钢管接长手柄施加较大的力矩。另外，活扳手也不能当撬棍或锤子使用。在扳动生锈的螺母时，可以在螺母上滴几滴煤油或机油，这样就容易拧动了。

图 2-17 活扳手的使用

活扳手的规格是用长度（mm）×最大开口宽度（mm）来表示的，常用的规格有 150mm×19mm、200mm×24mm、250mm×30mm 和 300mm×36mm 等几种，前面的数字表示扳手的总长度，后面的数字表示开口最大尺寸。

扳手的使用注意事项包括：

1）在使用扳手时，严禁带电操作。

2）任何时候不得将扳手当锤子使用。

3）扳手的规格应与螺母的规格相同。

2.1.9 电烙铁

电烙铁是手工焊接的主要工具，是通过加热使铅锡焊料熔化后，借助焊剂的作用，在被焊金属表面形成合金点而达到永久性连接。常用电烙铁分为内热式和外热式两种。内热式电烙铁的烙铁头在电热丝的外面，这种电烙铁加热快且重量轻。外热式电烙铁的烙铁头是插在电热丝里面，它加热虽然较慢，但相对讲比较牢固。电烙铁直接用220V交流电源加热，电源线和外壳之间应是绝缘的，电源线和外壳之间的电阻应是大于200Ω。图2-18所示为常用

图2-18 常用电烙铁

电烙铁。电烙铁常用规格有15W、25W、45W、75W、100W、300W等。

1. 选择电烙铁

电烙铁的选择应当从以下四个方面考虑：

（1）电烙铁的结构形式和烙铁头的形状，被焊元件的热敏特性，操作者方便。比如，焊接印刷电路板上的无线电元件应当采用20~35W的内热式电烙铁。

（2）焊接小线径线头应当选择35~75W的电烙铁；焊接大线径线头应当选用100W以上的外热式电烙铁。

（3）如果是需要拆焊，则可以选择吸焊电烙铁。

（4）一般的电工操作中，电机绕组等强电设备元件的焊接常用45W以上的电烙铁。电子元件的焊接常用20W和25W的电烙铁。

2. 电烙铁使用方法

电烙铁的握法有三种，如图2-19所示。反握法动作稳定，长时间操作不宜疲劳，适于大功率烙铁的操作。正握法适于中等功率烙铁或带弯头电烙铁的操作。一般在操作台上焊印制板等焊件时多采用握笔法，如图2-20所示。

使用电烙铁要配置烙铁架，其通常放置在工作台右前方，电烙铁用后一定要稳妥放置在烙铁架上，如图2-21所示，并注意导线等物不要碰烙铁头，避免被烙铁烫坏绝缘后发生短路。

a) 反握法

b) 正握法

c) 握笔法

图2-19 电烙铁的握法

图 2-20 电烙铁的使用

图 2-21 烙铁架

焊锡丝通常有两种拿法，如图 2-22 所示。由于焊丝成分中，铅占一定比例，众所周知铅是对人体有害的重金属，所以操作时应戴手套，操作后洗手，避免食入。

3. 注意事项

（1）新买的烙铁在使用之前必须先给它蘸上一层锡（给烙铁通电，然后在烙铁加热到一定温度时用锡条靠近烙铁头）。使用久了的烙铁，要将烙铁头部

a) 连续铸焊时焊锡丝的拿法

b) 断续铸焊时焊锡丝的拿法

图 2-22　焊锡丝的拿法

锉亮，然后通电加热升温，并将烙铁头蘸上一点松香，待松香冒烟时上锡，使烙铁头表面镀上一层锡。

（2）电烙铁通电后温度高达 250℃ 以上，不用时应当放在烙铁架上，但较长时间不用时应切断电源，防止高温"烧死"（氧化）烙铁头。要防止电烙铁烫坏其他元器件，尤其是电源线，若其绝缘层被烙铁烧坏而不注意便容易引发安全事故。

（3）不要猛力敲打电烙铁，以免震断电烙铁内部电热丝或引线而产生故障。

（4）电烙铁使用一段时间后，在烙铁头部可能留有锡垢，在烙铁加热的条件下，我们可以用湿布轻擦将其除去。如有出现凹坑或氧化块，应用细纹锉刀修复或者直接更换烙铁头。

2.1.10　喷灯

喷灯是一种利用喷射火焰对工件进行加热的工具，常用来进行铅包电缆的铅包层焊接、大截面铜线连接处的搪锡以及其他连接表面的防氧化镀锡等。喷灯根据所用燃料不同分为燃气喷灯、煤油喷灯、汽油喷灯，如图 2-23 所示。

a) 燃气喷灯

b) 煤油喷灯

c) 汽油喷灯

图 2-23　常见喷灯

1. 结构

喷灯的主要结构有油桶、手柄、打气阀、加油阀、预热燃烧盘、放油调节阀及喷头。

2. 使用方法

使用喷灯时一定要严格遵守操作安全规程。使用步骤如下：

（1）检查。检查喷灯喷嘴是否通畅，检查喷灯油桶及各处有无漏气。

（2）加油。加油前先将周围的明火关掉，然后将油阀上的螺钉旋松，放气后再旋开加油。加油时，控制油量不要超过桶体容积的 3/4，加完油后将螺钉旋紧，防止漏油或是挥发。

（3）预热。将少许油倒在预热盘的棉纱上点燃，对喷嘴进行预热。

（4）打气。预热一会儿后，在预热盘的火焰未熄灭之前，用打气阀打气 3~5 次，将放油阀旋松，喷出油雾，喷灯点燃开始喷火。

（5）喷火。喷灯点燃后，继续打气，直至喷火正常。

（6）熄火。在喷灯熄火时，应首先关闭放油调节阀，直至火焰熄灭，然后旋松加油口螺钉，放出有桶内的压缩空气，最后旋紧加油口螺钉，交保管员保管。

3. 注意事项

（1）喷灯加油、放油及检修，均应当在熄火后进行。在加油时，应当将油阀上螺钉先慢慢放松，待气体放尽后方能开盖加油。

（2）煤油喷灯筒体内不得掺加汽油。

（3）喷灯在使用的过程中，应当注意筒体的油量，一般不得少于筒体容积的 1/4。

（4）打气压力不应过高。打完气后，应当将打气柄卡牢在泵盖上。

（5）喷灯工作时，应当注意火焰与带电体之间的安全距离，距离 10kV 以下带电体应当大于 1.5m；10kV 以上带电体应当大于 3m。

2.1.11 手电钻

手电钻是电子制作中常用的电动工具之一，其不但体积小、质量轻，而且还能够随意移动。近年来，手电钻的功能不断扩展，功率也越来越大，不但能对金属钻孔，带有冲击功能的手电钻还能对砖墙打孔。目前常用的手电钻有手枪式和手提式两种，电源通常为 220V，也有三相 380V 的。电钻及钻头大致也分两大类，一类为麻花钻头，一般用于金属打孔；另一类为冲击钻头，用于在砖和水泥柱上打孔。大多数手电钻采用单相交直流两用串励电动机，其工作原理是接入 220V 交流电源后，通过换向器将电流导入转子绕组，转子绕组所通过的电流方向和定子励磁电流所产生的磁通方向是同时变化的，从而使手电钻上的电动机按照一定的方向运转。

手电钻有微型的（图 2-24a），用于印

a) 微型手电钻　　　　b) 普通手电钻

图 2-24　手电钻实物图

制板上钻孔，钻头直径在 3mm 以下。通常的手电钻钻头可以钻 10mm 以下的孔（图 2-24b）。

使用手电钻时应当注意下述几点：

（1）在使用前首先要检查电线绝缘是否良好，如果电线有破损处，可以用胶布包好。最好使用三芯橡皮软线，并将手电钻外壳接地。

（2）检查手电钻的额定电压与电源电压是否一致，开关是否灵活可靠。

（3）手电钻接入电源后，要用验电笔测试外壳是否带电，如不带电方能使用。在操作时需要接触手电钻的金属外壳时，应当戴绝缘手套，穿电工绝缘鞋并站在绝缘板上。

（4）在拆装钻头时应当用专用钥匙，切勿用螺钉旋具和手锤敲击电钻夹头。

（5）装钻头要注意钻头与钻夹保持同一轴线，以防钻头在转动时来回摆动。

（6）在使用手电钻过程中，钻头应垂直于被钻物体，用力要均匀。当钻头被卡住时，应当停止钻孔，检查钻头是否卡得过松，重新紧固钻头后再使用。

（7）钻头在钻金属孔过程中，如果温度过高，很可能引起钻头退火，为此，在钻孔时要适量加些润滑油。

（8）钻孔完毕，应当将电线绕在手电钻上，放置干燥处以备下次使用。

2.1.12 电锤

电锤是在电钻的基础上，增加了一个由电动机带动的有曲轴连杆的活塞，活塞在一个汽缸内往复压缩空气，使汽缸内空气压力呈周期变化，变化的空气压力带动汽缸中的击锤往复打击钻头的顶部，相当于用锤子敲击钻头，因此得名电锤。电锤的主要用途是在墙面、混凝土、石材上面进行打孔，多功能电锤调节到适当位置配上适当钻头可以代替普通电钻、电镐使用。电锤的外形如图 2-25 所示。高档电锤可利用转换开关，使电锤的钻头处于三种不同的工作状态，即：只转动不冲击、只冲击不转动、既冲击又转动。

使用电锤时应当注意以下几点：

1. 个人防护

（1）操作者应当戴好防护眼镜，以保护眼睛，当面部朝上作业时，要戴上防护面罩。

图 2-25 电锤实物图

（2）长期作业时要塞好耳塞，以减轻噪声的影响。

（3）长期作业后钻头处在灼热状态，在更换时应当注意以免灼伤肌肤。

（4）在作业时应当使用侧柄，双手操作，防止堵转时反作用力扭伤胳膊。

（5）站在梯子上工作或高处作业应做好防高处坠落措施，梯子应有地面人员扶持。

2. 作业前注意事项

（1）确认现场所接电源与电锤铭牌是否相符，是否接有漏电保护器。

（2）钻头与夹持器应当适配，并妥善安装。

（3）钻凿墙壁、天花板、地板时，应当先确认有无埋设电缆或管道等。

（4）在高处作业时，要充分注意下面的物体和行人安全，在必要时设警戒标志。

（5）确认电锤上开关是否切断，如果电源开关接通，则插头插入电源插座时电动工具将出其不意地立刻转动，可能导致人员伤害。

（6）如果作业场所在远离电源的地点，需延伸线缆时，应当使用容量足够、安装合格的延伸线缆。在延伸线缆时，如果要通过人行过道，应高架或做好防止线缆被碾压损坏的措施。

2.1.13 冲击钻

冲击钻电机电压有 0～230V 与 0～115V 两种不同的电压，控制微动开关的离合，取得电机快慢两级不同的转速，配备了顺逆转向控制机构、松紧螺钉和攻牙等功能。冲击钻主要适用于在混凝土地板、墙壁、砖块、石料、木板及多层材料上进行冲击打孔；另外还可以在木材、金属、陶瓷和塑料上进行钻孔和攻牙。冲击钻的外形如图 2-26 所示。

图 2-26　冲击钻实物图

如图 2-27 所示，使用冲击钻时应注意以下几点：

（1）在工作时务必要全神贯注，不但要保持头脑清醒，还要理性地操作电动工具，严禁疲惫、酒后或服用兴奋剂、药物之后操作机器。

（2）冲击外壳必须有接地线或接中性线保护。

（3）电钻导线要完好，严禁乱拖，防止轧坏、割破。严禁将电线拖置在油水中，防止油水腐蚀电线。

（4）检查其绝缘是否完好，开关是否灵敏可靠。

（5）装夹钻头用力适当，使用前应当空转几分钟，转动正常后方可使用。

（6）在钻孔时，应当使钻头缓慢接触工件，不得用力过猛，折断钻头，烧坏电机。

（7）注意工作时的站立姿势，不可以掉以轻心。

（8）在操作机器时要确保立足稳固，并要随时保持平衡。

（9）在干燥处使用电钻，严禁戴手套，防止发生意外。在潮湿的地方使用电钻时，必须站在橡皮垫或是干燥的木板上，以防触电。

（10）使用中如发现电钻漏电、振动、高温过热时，应当立即停机，待冷却后再使用。

（11）电钻未完全停止转动，不能卸、换钻头，出现异常时其他任何人不得自行拆卸、装配，应当交专人及时修理。

（12）停电、休息或离开工作地时，应当立即切断电源。

（13）如用力压电钻，必须使电钻垂直，而且固定端要牢固可靠。

（14）中途更换新钻头，沿原孔洞进行钻孔时，不要突然用力，防止折断钻头发生意外。

（15）在潮湿的地方使用冲击钻工作时，必须站在绝缘垫或干燥的木板上进行。登高或是在防爆等危险区域内使用时必须做好安全防护措施。

（16）不许随便乱放。当工作完毕时，应当将电钻及绝缘用品一并放到指定地方。

2.1.14 绕线机

绕线机分为手摇绕线机、电动绕线机等多种。

1. 手摇绕线机

图 2-27　冲击钻的使用

手摇绕线机的结构如图 2-28 所示，它主要由摇把、主动轮、被动轮和绕线模型组成。手摇绕线机主要用以绕制小型电动机的绕组、低压电器线圈和小型变压器。手摇绕线机体积小、质量轻、操作简便、能计数绕制的匝数。

在使用手摇绕线机时应当注意以下几点：

（1）在使用时要将绕线机固定在操作台上。

（2）当绕制线圈匝数不是从零开始时，应当记下起始指示的匝数，并在绕制后减去。

（3）在绕线时应用手把导线拉紧拉直，切勿用力过度，以免将导线拉断。

2. 电动绕线机

电动绕线机采用电动方式，既可以作为绕线机使用，又可以作电钻使用，具有一机多用的功能，如图 2-29 所示。

图 2-28　手摇绕线机实物图

图 2-29　电钻兼作绕线机（两用）实物图

2.1.15 电线管螺纹铰板及板牙

电线管螺纹铰板及板牙，如图 2-30 所示，主要用于手工铰制电线套管上的外螺纹，是电工常用的工具。电线管螺纹铰板及板牙的使用方法如下：

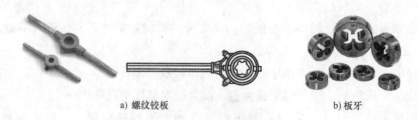

　　　　a) 螺纹铰板　　　　　　　　　　b) 板牙

图 2-30　螺纹铰板及板牙

（1）选择与管子外径相应的板牙，并且正确地安装到板牙架内卡好。

（2）将管子固定好并将管头的毛刺去掉。

（3）把板牙套入管头，管子中心与板牙中心面垂直。

（4）顺时针转动扳手并加压力调整板牙尽量，使板牙扣套入管子且转动一周时应当退回半周，并加少许机油。在转动扳手时不宜太快太猛，应当匀速。

（5）在套完后，逆时针转动将板牙退出，并用管箍试拧是否合适，否则就再进行修整。

2.1.16 压接钳

压接钳（图2-31）的型号较多，常见的有机械式和液压式两种。在使用压接钳时，被压导线端子的规格应当与钳口的规格一致。压接钳具有操作方便、连接良好等特点，是连接导线或端子的必备工具。

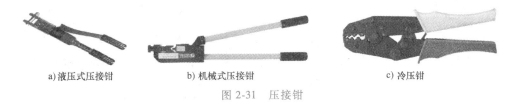

a) 液压式压接钳　　　　b) 机械式压接钳　　　　　c) 冷压钳

图2-31　压接钳

（1）压接钳的使用方法如下：

1）清除导线连接部位的污垢，用汽油洗净，再涂上中性凡士林油，线端应用直径1~2mm镀锌铁线绑扎10mm。

2）选用与导线规格相应的接线管，并检查其有无缺陷，然后用汽油洗净，并画好压点位置。

3）将导线和衬垫插入连接管内，衬垫应当在两线之间，导线各露出管口20mm。

4）按照导线规格选择合适的压模装在钳口上，并将插入导线的连接管放在压模口内起动压钳，如图2-32所示，按照规定的顺序和标定位置压挤导线，压后应当停留30s，直到压完。在压第一模时应当检查其凹深程度，合格后再压。另外，压接钳的压模分铝绞线、铜绞线和钢芯铝绞线三种，规格与导线对应，要选择正确。

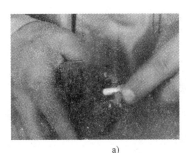

a)　　　　　　　　　　　　　　　b)

图2-32　压接钳的使用

5）压好后要清除飞边、毛刺，然后在连接管处涂防锈漆。管口部位不要有损伤，不合格时要锯断重新进行压接。

（2）压接钳的压接步骤如下：

第一步：压接管（图2-33）。

第二步：穿进压接管（图2-34）。

第三步：压接（图2-35）。

第四步：压接后的铝芯线。

图 2-33　压接管　　　　图 2-34　穿进压接管　　　　图 2-35　压接

2.1.17　射钉枪

射钉枪（图2-36）是一种很方便的设备安装工具。其原理是利用火药爆炸产生的高推力将尾部带有螺纹或其他形状的钢钉射入混凝土砖墙或是钢板内，起固定及悬挂作用。

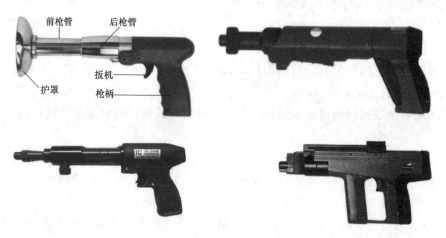

图 2-36　射钉枪

射钉枪的射钉直径多为 3.9mm，尾部螺纹有 M4、M6、M8 等几种，弹药也有弱、中、强三种。

射钉枪的使用方法如下：

（1）根据被固定件的重量以及构件（建筑物、钢板等）的强度选用子弹、射钉。

（2）射钉枪的操作分为装弹、击发及退弹三个步骤，均要按照说明书进行操作。

（3）射钉枪应当垂直于工作面后才可以扣动扳机。

（4）不能在凹凸不平或易碎的物体上使用射钉枪。射钉枪严禁对人射击，被作业面的后面也严禁站人。

2.1.18　紧线器

紧线器（图2-37）又称紧线钳、拉线钳等，种类很多。紧线器是用来收紧户内外绝缘子线路和户外架空线路的导线的专用工具。

如图 2-38 所示，使用紧线器时，定位
钩必须钩住架线支架或横担，夹线钳头夹
住需要收紧的导线端部，然后扳动手柄，
逐渐收紧。使用紧线器时应当注意以下
几点：

图 2-37　紧线器

1）按照被收紧导线的直径选择相应规格的紧线器。

2）在收紧导线的过程中如果发现有滑线现象，应当立即停止使用，采取措施（如在导线上绕一层钢丝或是附上一层麻布等）将导线夹牢后，才能够继续使用。

3）如果是在电杆上紧线，头部一定要低于横担，以防止横担扭弯击伤操作员造成严重事故。

4）在逐渐收紧的过程中，应当紧扣棘爪和棘轮，以防止棘爪脱开打滑。

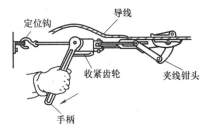

图 2-38　紧线器的使用

2.1.19　铁鞋

铁鞋（图 2-39）也叫作脚扣，是攀登电杆的工具。脚扣分为两种：一种是扣环上制有铁齿，供攀登木杆用的脚扣；另一种是装有橡胶皮，供攀登混凝土电杆的脚扣。

图 2-39　铁鞋

在使用铁鞋登杆时，手和脚一定要配合协调。只有当铁鞋完全扣入电杆后，才能够再提起另一只脚向上跨扣。无论是上下杆，均要用手扶住电杆，以防造成事故。

2.2　建筑电工常用低压电器的结构和安装

低压电器可以分为控制电器和保护电器。控制电器主要用来接通和断开线路，以及用来

控制用电设备。刀开关、低压断路器、电磁启动器属于低压控制电器。保护电器主要用来获取、转换和传递信号，并通过其他电器对电路实现控制。熔断器、热继电器属于低压保护电器。在施工现场常用的低压电器主要有开关电器、控制电器、保护电器、调节电器、主令电器、成套电器等。

低压电器应当正确选择，合理使用。各种开关电器具有不同的用途和使用条件，因此也就有不同的选用方法。正确的选用要结合不同的控制对象和各类电器的使用环境、技术数据、正常工作条件、主要技术性能等确定，以确保选择的低压电器工作安全可靠，避免因电器故障而停产或损坏设备，危及人身安全等。

2.2.1 开关

1. 闸刀开关

闸刀开关又称开启式负荷开关，它是一种结构最简单、应用广泛的手动低压电器。一般在容量不大的低压电路中用于不频繁的带负荷接通、切断操作和短路保护。闸刀开关的结构如图 2-40 所示，它主要由手柄、刀片（触头）、接线座等组成。按照刀片数分有单刀、双刀及三刀。普通刀开关只有一个投向。为了便于电路的切换，也有两个投向的，称之为双投闸刀开关。

在安装闸刀开关时，手柄要向上装，不得倒装和平装，否则手柄可能会因为自重而下落引起误合闸，造成人员和设备安全事故。在接线时，将电源线接在熔丝上端，负载线接在熔丝下端，拉闸后开关与电源隔离，便于更换熔丝。

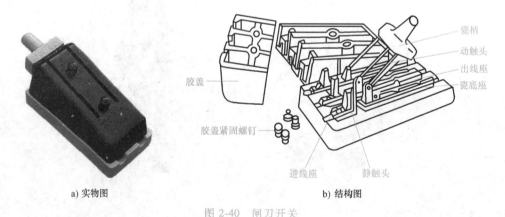

a) 实物图 b) 结构图

图 2-40 闸刀开关

2. 封闭式开关熔断器组（铁壳开关）

封闭式开关熔断器组俗称铁壳开关，又称封闭式负荷开关，通常用在配电设备中，作为不频繁接通和分断负载电路，具有熔断器短路保护的作用。交流 380V、60A 及以下等级的封闭式开关熔断器组，还可以作为小型异步电动机的不频繁地全电压直接启动及分断的控制开关。

封闭式开关熔断器组由带有灭弧系统的刀开关、熔断器及快速动作的操作机构组成，如

图 2-41 所示。整个装置安装在防护铁板箱内，并且还有机械连锁使开关闭合后不能开启箱盖，以确保操作人员的安全。其安装要求与闸刀开关相同。

3. 组合开关

组合开关又称转换开关，是一种结构紧凑的手动开关，其外形结构如图 2-42 所示。当转动组合开关手柄时，每层的动触片随方形转轴一起转动，动触片插入静触片则电路接通，动触片离开静触片则电路断开。

组合开关用作电源引入开关，也可以作为小容量电动机启动、多速电动机换接变速、电动机正反转的控制。

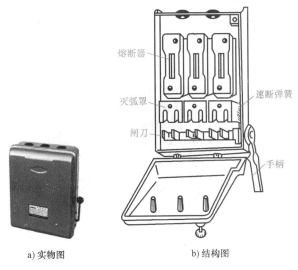

a) 实物图   b) 结构图

图 2-41　封闭式开关熔断器组（铁壳开关）

组合开关额定电压通常不超过 500V，额定电流值在 100A 以下。由于组合开关面积小，安全可靠，操作方便，因此得到广泛应用。

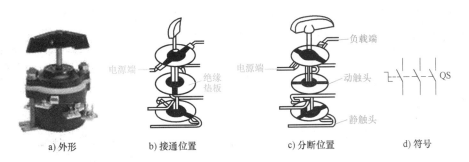

a) 外形　　b) 接通位置　　c) 分断位置　　d) 符号

图 2-42　组合开关

必须注意，组合开关本身不带过载保护和短路保护装置，如果需要保护，就应当另外增设保护电器。组合开关安装时，应当将手柄保持在水平旋转位置上，触头接触应紧密可靠。

4. 按钮开关

按钮开关又称控制按钮或按钮，它们的额定工作电流比较小，专门用以接通和切断较小电流的电路。生产实践中，常将按钮开关与接触器、继电器的线圈配合，构成控制电路，实现对电动机等用电设备的自动控制或远距离控制。

任何一个按钮都可分为常开按钮和常闭按钮，合在一起为复合按钮。常开按钮也为动合按钮，常闭按钮也称动断按钮。每个复合按钮由两个按钮的四个触头组装在一起。动合触头在手没按动按钮时触头是分断的，手按动按钮时触头导通；动断触头则反之。在控制电路中，启动按钮用动合触头，停止按钮用动断触头。

按钮开关的选择主要是根据使用的场合、触头的数目、种类及按钮的颜色来决定。一般停止按钮使用红色，用于控制线路中。

按钮开关的外形、结构和符号如图 2-43 所示。

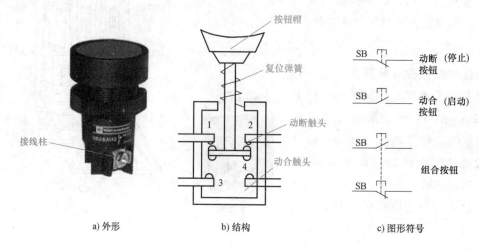

a) 外形   b) 结构   c) 图形符号

图 2-43　按钮开关

5. 行程开关

行程开关又称限位开关，它通过开关机械可动部分的动作，将机械信号变换为电信号，借此实现对机械的电气控制。行程开关有多种结构形式，图 2-44 为某行程开关的结构外形图。

行程开关一般由操作头、触点系统和外壳组成。操作头感测机械设备的动作信号，并传递到触点系统。触点系统由一组动合触点和一组动断触点组成，将操作头传来的机械信号变换为电信号，输出到有关控制电路，使之做出相应的动作。

习惯上将尺寸甚小的行程开关称为微动开关。

图 2-44　行程开关

2.2.2　低压断路器

低压断路器曾称为自动空气开关，分为万能式断路器和塑料外壳式断路器，是低压电路中重要的保护电器之一。低压断路器主要用于保护交、直流电路内的电气设备，使之免受短路、严重过载或欠电压等不正常情况的危害，同时也可以用于不频繁地起停电动机等。本节介绍的是塑料外壳式断路器（以下简称断路器）。

低压断路器的特点是：有多种保护功能，动作后不需要更换元件，动作电流可按需要整定，工作可靠，安装方便和分断能力较强等。因此，在各种动力电路和机床设备中应用较广泛。

1. 断路器的组成

尽管各种断路器形式各异，但其基本结构和动作原理却是相同的。它主要由触头系统、灭弧机构、操作机构和保护装置（各种脱扣器）等几部分组成。

2. 断路器的工作原理

图 2-45a 所示是断路器的结构外形，图 2-45b 所示是其结构原理。断路器的主触头是靠操作机构进行接通与分断的，图 2-45c 所示是在电路中使用的断路器符号。

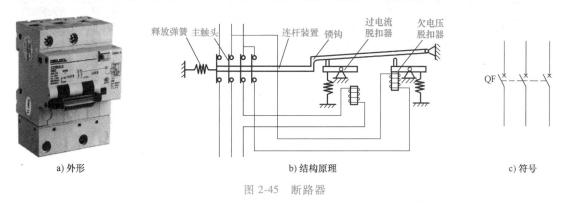

a) 外形　　　　　　　　　　　b) 结构原理　　　　　　　　　　c) 符号

图 2-45　断路器

一般容量的采用手动操作，较大电流容量的往往采用电动操作。合闸后，主触头被锁钩锁在闭合位置。

3. 断路器的保护装置

（1）电磁脱扣器。当流过的电流在整定值之内时，电磁脱扣器线圈所产生的吸力不足以吸动衔铁。当发生短路故障时，短路电流超过整定值，强磁场的吸力克服弹簧的拉力拉动衔铁，顶开锁钩，使断路器跳闸。电磁脱扣器起到熔断器的保护作用。

（2）失电压脱扣器。失电压脱扣器的工作过程与电磁脱扣器的恰恰相反。当电源电压在额定值时，失电压脱扣器线圈产生的磁力足以将衔铁吸合，使断路器保持合闸状态。当电源电压下降到低于整定值或是降为零时，在弹簧作用下衔铁被释放，顶开锁钩而切断电源。

（3）热脱扣器。热脱扣器的作用和基本原理与后面要介绍的热继电器相同，过热则切断电路，起到过载保护作用。

（4）分励脱扣器。分励脱扣器用于远距离操作。在正常工作时，其线圈是断电的。在需要远方操作时，使线圈通电，电磁铁带动机械机构动作，使断路器跳闸。

（5）复式脱扣器。断路器同时具有电磁脱扣器和热脱扣器，称之为复式脱扣器。

4. 断路器的型号与技术参数

断路器的型号如下：

$$D Z 5\text{-}20/\square\square\square$$

式中　D——断路器；

　　　Z——塑料外壳式；

　　　5——设计序号；

　　　20——额定电流。

第一个口——极数；

第二个口——脱扣方式（0—无脱扣器，1—热脱扣器，2—电磁脱扣器，3—复式脱扣器）；

第三个口——辅助触头（0—无辅助触头，2—有辅助触头）。

断路器的技术参数见表2-1。

表 2-1　断路器的技术参数

型号	额定电压/V	主触头额定电流/A	极数	脱扣器形式	脱扣器额定电流(括号内为整定电流调节范围)/A
DZ5-20/330	交流 380 直流 220	20	3	复式脱扣器	—
DZ5-20/230			2		
DZ5-20/320			3	电磁脱扣器	—
DZ5-20/220			2		
D25-20/310			3	热脱扣器	0.15(0.10~0.15) 0.20(0.15~0.20) 0.30(0.20~0.30) 0.45(0.30~0.45) 0.65(0.45~0.65) 1(0.65~1) 10(6.5~10) 15(10~15) 20(15~20)
DZ5-20/210			2		
DZ5-20/300			3	无脱扣器	
DZ5-20/200			2		

5. 断路器的选择

（1）电压、电流的选择。断路器的额定电压和额定电流不应小于电路的额定电压和最大工作电流。

（2）脱扣器整定电流的计算。热脱扣器的整定电流应与所控制负载（如电动机等）的额定电流一致。电磁脱扣器的瞬时动作整定电流应当大于负载电路正常工作的最大电流。

6. 断路器的安装

低压断路器安装时，型号、规格应当符合设计要求，应当符合产品技术文件以及施工验收规范的规定。低压断路器宜垂直安装，当其与熔断器配合使用时，熔断器应当安装在电源一侧。

2.2.3 低压熔断器

低压熔断器是保护安全用电的一种电器，应当用于电网和电气设备的保护。当电网和电气设备发生过载或短路时能自动切断电路，从而达到保护目的。由于其具有结构简单、使用方便、体积小、重量轻和价格低廉等优点，所以在建筑工程中得到广泛应用。

1. 熔断器的外形与结构

熔断器（图2-46）由熔体和安装熔体的熔管（或瓷盖、瓷座）、触头和绝缘底座等组成。熔体为丝状或是片状。熔体材料一般包括两种：一种由铅锡合金和锌等低熔点金属制成，因不易灭弧，多用于小电流的电路；另一种由银、铜等较高熔点的金属制成，易于灭弧，多用于大电流的电路。当正常工作时，流过熔体的电流小于或等于它的额定电流，因为熔体发热的温度尚未到达熔体的熔点，所以熔体不会熔断。当流过熔体的电流达到额定电流的 1.3~2 倍时，熔体缓慢熔断。当流过熔体的电流达到额定电流的 8~10 倍时，熔体迅速熔断。电流越大，熔断越快。一般取 2 倍熔断器的熔断电流，其熔断时间约为 30~40s。熔断器对轻度过载反应比较迟钝，通常只能作短路保护用。

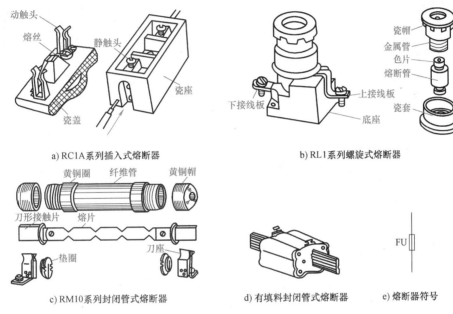

a) RC1A系列插入式熔断器　　　b) RL1系列螺旋式熔断器

c) RM10系列封闭管式熔断器　　d) 有填料封闭管式熔断器　　e) 熔断器符号

图 2-46　熔断器

2. 熔断器的型号

（1）熔断器型号命名

1）插入式熔断器：

$$RC1A-\square$$

式中　R——熔断器；

　　　C——插入式；

　　　1——设计序号；

　　　A——该型设计改进；

　　　□——额定电流。

2）螺旋式熔断器：

$$RL\square-\square/\square$$

式中　R——熔断器；

　　　L——螺旋式；

　　　□——设计序号；

　　　□/□——熔断器额定电流/熔体额定电流。

3) 螺旋式快速熔断器：

RLS-□

式中　R——熔断器；

　　　L——螺旋式；

　　　S——快速；

　　　□——熔断器额定电流。

4) 快速熔断器

RS-□□

式中　R——熔断器；

　　　S——快速；

第一个□——设计序号；

第二个□——熔断器额定电流。

5) 封闭管式熔断器：

RM（T）□-□□

式中　R——熔断器；

　　　M——无填料（T 表示有填料）封闭管式；

第一个□——设计序号；

第二个□——额定电流；

第三个□——接线形式（Q-板前，H-板后）。

（2）熔断器符号。在电路中用图形符号为 —▭— ，文字符号为 FU，当同一电路中需用多个熔断器时，分别用 FU1、FU2……表示。

3. 熔断器的选用

熔断器的选用应当考虑两个方面，即熔断器类型的选择和熔体（丝）额定电流的确定。

（1）在选择熔断器的类型时，主要考虑负载的保护特性和短路电流的大小。对于容量小的电动机和照明支线，常采用熔断器作为过载及短路保护，所以熔体的熔化系数可适当小些；对于较大容量的电动机和照明干线，则应着重考虑短路保护和分断能力，一般选用具有较高分断能力的熔断器；当短路电流很大时，宜采用具有限流作用的熔断器。

（2）确定熔体额定电流时，应区别两种负载情况：一种是负载有冲击启动电流的情况，如电动机；另一种是负载电流比较平稳的情况，如一般照明电路。在负载电流比较平稳的场合，基本上可以按额定负载电流来确定熔体的额定电流。

4. 常用的低压熔断器

（1）RC1A 系列插入式熔断器。插入式熔断器是由瓷盖、瓷座、熔丝、动触头及静触头五部分组成，其外形如图 2-47 所示。瓷盖和瓷座均由电工瓷制成，电源线和负载线可以分别连接在瓷座两端的静触头上，熔丝连接在瓷盖的动触头上。瓷座中间有一空腔与瓷盖的突出部构成灭弧室，容量较大的熔断器在灭弧室内垫有石棉垫，以加强熄弧的效果。

RC1A 系列熔断器结构简单，价格便宜，更换方便，广泛用于照明及小容量电动机的短路保护。

（2）RL1 系列螺旋式熔断器。它主要由瓷帽、熔管、瓷套、上接线端，下接线端及底座六部分组成。常用 RL1 系列螺旋式熔断器的外形如图 2-48 所示。

图 2-47 RC1A 系列插入式熔断器　　　　　　　　　图 2-48 螺旋式熔断器

RL1 系列螺旋式熔断器的熔管内，除了装有熔体之外，还在熔体周围填满灭弧用的石英砂。熔管的两端有金属盖，其中一端金属盖中央凹处有一个标有不同颜色的熔断指示标志，熔体熔断后色点会自动脱落，表明熔体已断。

使用时，熔断器有色点的一端插入瓷帽，瓷帽上有螺纹，将瓷帽连同熔管一起拧进底座，熔体便连接在电路中。装接时，电源线应当连接到下接线端，负载线应当连接到上接线端，这样在更换熔管时，旋出瓷帽后螺纹壳上不会带电，从而确保了人身安全。

RL1 螺旋式熔断器的断流能力大、体积小、安装面积小、更换熔体方便、安全可靠，熔体熔断后有明显指示，所以广泛用于额定电压 500V、额定电流 200A 以下的交流电路或电动机控制电路中作为过载或短路保护。

（3）无填料密闭管式熔断器。它主要由熔管、熔体、底座等组成。

无填料密闭管式熔断器的优点有：

1）由于采用了截面宽窄不同的锌片，当电路发生过载或短路时，锌片几处狭窄部位同时熔断，形成很大间隙，因此灭弧容易。

2）熔片熔断时没有熔化的金属颗粒及高温气体喷出，同时也看不到电弧的闪光，操作人员较安全。

3）更换熔片较方便。

其缺点有：

1）材料消耗多，其中制作黄铜套管及黄铜帽需要大量黄铜。为了节约铜材，目前正推广采用三聚氰胺绝缘材料压制成熔管并采用塑料套管和帽子做成的新型塑料熔断器。

2）价格较贵。无填料密闭管式熔断器常用于电气设备的短路保护以及电缆的过载保护。

（4）有填料封闭管式熔断器。随着低压电网容量的增大，当线路发生短路故障时，短路电流常高达 25~50kA。上面三种系列的熔断器均不能分断这么大的短路电流，必须采用 RT0 系列有填料封闭管式熔断器。

RT0 系列熔断器的外形如图 2-49 所示。其中，熔管采用高频陶瓷制成，它具有耐热性强、力学强度高、外表面光洁美观等优点。熔体是两片网状的纯铜片，中间用锡将它们焊接起来，这部分被称为"锡桥"。熔管内填满石英砂，在切断电流时起迅速灭弧的作用。熔断指示器为一机械信号装置，指示器有与熔体并联的康铜熔丝，它能够在熔体烧断后立即烧断，并弹放出红色醒目的指示熔断信号。熔断器的插刀插在底座的插座内。

图 2-49　RT0 系列有填料封闭管式熔断器

RT0 系列熔断器的优点是极限断流能力大，可以达到 50kA，用于有较大短路电流的电力输配电系统中。其缺点是熔体熔断后不容易拆换，制造工艺较复杂。

2.2.4　交流接触器

接触器是一种用来频繁接通和断开交、直流主电路及大容量控制电路的自动切换电器。它具有低压释放保护功能，可以进行频繁操作，能够实现远距离控制，是电力拖动自动控制电路中使用最广泛的电器元件。因其不具备短路保护功能，常和熔断器、热继电器等保护电器配合使用。接触器按电流种类一般分为交流接触器和直流接触器两类。

1. 接触器的工作原理

交流接触器主要由电磁机构、触头系统和灭弧装置等组成，其外形和结构如图 2-50 所示。

a) 外形

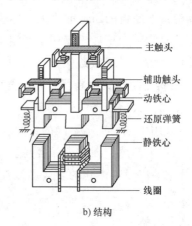

主触头
辅助触头
动铁心
还原弹簧
静铁心
线圈

b) 结构

图 2-50　交流接触器的外形和结构

交流接触器包括两种工作状态：得电状态（动作状态）和失电状态（释放状态）。如图 2-50 所示，接触器主触头的动触头装在与衔铁相连的绝缘连杆上，其静触头则固定在壳体上。当线圈得电后，线圈产生磁场，使静铁心产生电磁吸力，将衔铁吸合。衔铁带动动触头动作，使常闭触头断开，常开触头闭合，分断或是接通相关电路。当线圈失电时，电磁吸力消失，衔铁在反作用弹簧的作用下释放，各触头随之复位。

交流接触器有三对常开的主触头，它的额定电流较大，用以控制大电流主电路的通断；还有两对常开辅助触头和两对常闭辅助触头，它们的额定电流较小，一般是 5A，用来接通或是分断小电流的控制电路。此外，为了满足控制电路的需要，有的接触器还可以加装辅助触头，如图 2-51 所示。

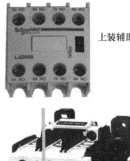
上装辅助触头

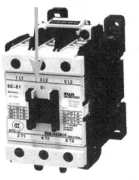
侧装辅助触头

图 2-51　接触器加装辅助触头

2. 接触器的主要技术参数

常用的交流接触器包括 CJ10、CJ12 系列。常用的直流接触器有 CZO 系列。表 2-2 列出了交流接触器的技术数据。

表 2-2　交流接触器的主要技术数据

型号	额定电压/V	额定电流/A	可控电动机最大功率值/kW			最大操作频率/(次/h)
			220V	380V	500V	
CJ10-5	380 500	5	1.2	2.2	2.2	600
CJ10-10		10	2.2	4	4	
CJ10-20		20	5.5	10	10	
CJ10-40		40	11	20	20	
CJ10-60		60	17	30	30	
CJ10-100		100	30	50	50	
CJ10-150		150	43	75	75	

3. 接触器的型号

常用接触器的型号含义如下：

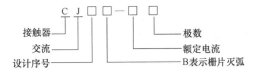

接触器的图形符号及文字符号如图 2-52 所示。

4. 接触器的选择

接触器的选择原则如下：

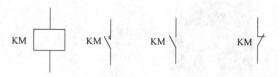

a) 线圈   b) 动合主触头   c) 动合辅助触头   d) 动分辅助触头

图 2-52 接触器的图形符号及文字符号

（1）根据接触器所控制的负载性质来选择接触器的类型。

（2）接触器的额定电压不得低于被控制电路的最高电压。

（3）接触器的额定电流应大于被控制电路的最大电流。

对于电动机负载有下列经验公式：

$$I_C \geq \frac{P_N \times 10^3}{K U_N}$$

式中 I_C——接触器的额定电流（A）；

　　　P_N——电动机的额定功率（kW）；

　　　U_N——电动机的额定电压（V）；

　　　K——经验系数，$K = 1 \sim 1.4$。

接触器在频繁起动、制动和正反转的场合时，一般其额定电流降一个等级来选用。

（4）电磁线圈的额定电压应当与所接控制电路的电压一致。

（5）接触器的触头数量和种类应当满足主电路及控制电路的要求。

5. 接触器的故障诊断与维修

接触器使用寿命的长短，不仅取决于产品本身的技术性能，而且与使用维护是否符合要求有很大关系。应当制定相关制度，对运行中的接触器进行定期保养，以延长使用寿命和确保安全。接触器检查项目如下：

（1）外观检查。看接触器外观是否完整无损，固定是否松动。

（2）灭弧罩检查。取下灭弧罩仔细查看有无破裂或严重烧损；灭弧罩内的栅片有无变形或是松脱，栅孔或是缝隙是否堵塞；清除灭弧室内的金属飞溅物和颗粒。

（3）触头检查。清除触头表面上烧毛的颗粒；检查触头磨损的程度，严重时应当更换。

（4）铁心的检查。铁心端面要定期擦拭，清除油垢保持清洁；检查铁心有无变形。

（5）线圈的检查。观察线圈外表是否因过热而变色，接线是否松脱，线圈骨架是否破碎。

（6）活动部件的检查。检查可动部件是否卡滞，坚固体是否松脱，缓冲件是否完整等。

交流接触器的常见故障及维修方法见表 2-3。

2.2.5 继电器

继电器是一种根据电量（电流、电压）或非电量（时间、速度、温度、压力等）的变化自动接通和断开控制电路，以完成控制或是保护电路的电器。

表 2-3 交流接触器的常见故障及维修方法

序号	故障现象	故障原因	维修方法
1	触头熔焊	1)操作频率过高或选用不当 2)负载侧短路 3)触头弹簧压力过小 4)触头表面有金属颗粒突起或异物 5)吸合过程中触头停滞在似接触非接触的位置上	1)降低操作频率或更换合适型号 2)排除短路故障,更换触头 3)调整触头弹簧压力 4)清理触头表面 5)消除停滞因素
2	触头断相	1)触头烧缺 2)压力弹簧失效 3)联接螺钉松脱	1)更换触头 2)更换压力弹簧片 3)拧紧松脱螺钉
3	相间短路	1)可逆转换接触器互锁失灵或误动作致使两台接触器投入运行而造成相间短路 2)接触器正反转换时间短而燃弧时间又长,换接过程中发生弧光短路 3)尘埃堆积、潮湿、过热使绝缘损坏 4)绝缘件或灭弧室损坏或破碎	1)检查互锁保护 2)在控制电器中加中间环节或更换动作时间长的接触器 3)缩短维护周期 4)更换损坏件
4	线圈损坏	1)空气潮湿,含有腐蚀性气体 2)机械方面碰坏 3)严重振动	1)换用特种绝缘漆线圈 2)对碰坏处进行修复 3)消除或减小振动
5	起动动作缓慢	1)极面间间隙过大 2)电器的底板不平 3)机械可动部分有卡阻	1)减小间隙 2)装直电器 3)检查机械可动部分
6	短路环断裂	由于电压过高,或线圈用错,或弹簧断裂,以致磁铁作用时撞击过猛	检查并调换零件

虽然继电器和接触器都是用来自动接通或断开电路,但是它们仍有很多不同之处。继电器可以对各种电量或非电量的变化做出反应,而接触器只有在一定的电压信号下动作;继电器用于切换小电流的控制电路,而接触器则用来控制大电流电路。所以,继电器触头容量较小(不大于5A),且无灭弧装置。

继电器用途广泛,种类繁多。按反映的参数可以分为:电压继电器、电流继电器、中间继电器、热继电器、时间继电器和速度继电器等。按动作原理可以分为:电磁式、电动式、电子式和机械式等。其中电压继电器、电流继电器、中间继电器均为电磁式。

1. 电流继电器

电流继电器的线圈与被测电路串联,用以反映电路中电流的变化。为了不影响电路工作情况,其线圈匝数少,导线粗,线圈阻抗小。

电流继电器又有欠电流和过电流继电器之分。其中,欠电流继电器的吸引电流为额定电流的 30% ~ 65%,释放电流为额定电流的 10% ~ 20%,所以,在电路正常工作时,其衔铁是吸合的,只有当电流降低到某一程度时,继电器释放,输出信号。过电流继电器在电路正常工作时不动作，当电流超过某一整定值时才动作，整定范围一般为 1.1~4 倍额定电流。过电流继电器如图 2-53 所示。当接于主电路的线圈电流为额定值时，它所产生的电磁引力无法克服反作用弹簧的作用力，继电器不动作，常闭触点闭合，维持电路正常工作。一旦通过线圈的电流超过整定值，线圈电磁力将大于弹簧反作用力，静铁心吸引衔铁使其动作，分断常闭触点，切断控制回路，保护了电路及负载。

2. 电压继电器

电压继电器的结构与电流继电器相似，不同的是电压继电器的线圈为并联的线圈，匝数多，导线细，阻抗大。

根据动作电压值的不同，电压继电器有过电压继电器、欠电压继电器和零电压继电器之分。过电压继电器在电压为额定值的 110%~115% 时动作，欠电压继电器在电压为额定值的40%~70% 时动作，而零电压继电器在电压降至额定值的 5%~25% 时动作。

3. 中间继电器

中间继电器实质上为电压继电器，但其触头数量较多，触头容量较大，动作灵敏。其主要用途是：当其他继电器的触头数量或触头容量不够时，可以借助中间继电器来扩大它们的触头数量和容量，起到中间转换作用。图 2-54 所示为中间继电器。

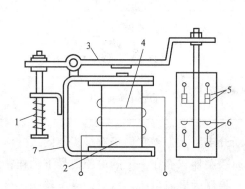

图 2-53 JT4 系列过电流继电器　　　　　　　　图 2-54 中间继电器

1—反力弹簧　2—静铁心　3—衔铁　4—电流线圈
5—常闭触头　6—常开触头　7—磁轭

4. 时间继电器

时间继电器是利用电磁原理或机械原理实现触头延时闭合或延时断开的自动控制电器。常用的种类有空气阻尼式、电子式和数字式。各类时间继电器的外形以及特点见表 2-4。

空气阻尼式时间继电器又叫气囊式时间继电器，是利用空气阻尼的原理获得延时的。它由电磁机构、延时机构及触头三部分组成。电磁机构为直动式双 E 型，触头系统是借用 LX5型的微动开关，延时机构采用气囊式阻尼器。其结构如图 2-55 所示。

表 2-4　时间继电器的外形及特点

类　型	外　形	特　点
空气阻尼式时间继电器		采用气囊式阻尼器延时，延时精度不高；结构简单，价格便宜，使用和维修方便。有通电延时型、断电延时型等
电子式时间继电器		采用大规模集成电路，保证了高精度及长延时；规格品种齐全，有通电延时型、断电延时型、间隔延时型等；使用单刻度面板及大型设定旋钮，刻度清晰，设定方便
数字式时间继电器		采用专用集成电路，具有较高的延时精度，延时范围宽；使用轻触按键设定时间，整定方便直观；具备数字显示功能，能直观地反映延时过程，便于监视

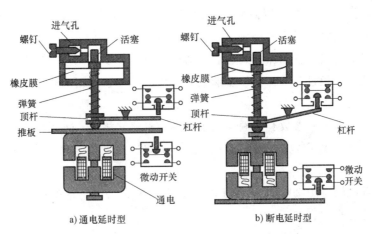

a) 通电延时型　　　　　　　　b) 断电延时型

图 2-55　空气阻尼式时间继电器（JS7 系列）结构

　　电磁机构可以是交流的也可以是直流的。触头包括瞬时触头及延时触头两种。空气阻尼式时间继电器可以做成通电延时，也可以做成断电延时。

　　常用的时间继电器是 JS7 系列。主要技术参数有瞬时触头数量、延时触头数量、触头额定电压、触头额定电流、线圈电压及延时范围等。

　　时间继电器型号含义如下：

```
      J  S  7  ─  □  A
      │  │  │     │  └── 结构设计稍有改进
继电器─┘  │  │     └──── 基本规格代号
时间──────┘  │          1 ── 通电延时，无瞬时触头
设计序号──────┘          2 ── 通电延时，有瞬时触头
                        3 ── 断电延时，无瞬时触头
                        4 ── 断电延时，有瞬时触头
```

5. 热继电器

热继电器是利用电流的热效应原理工作的保护电器，在电路中用做电动机的过载保护。由于电动机在实际运行中常遇到过载的情况，如果过载不大，时间较短，绕组温升不超过允许范围，是可以的。但过载时间较长，绕组温升超过了允许值，将会加剧绕组老化，缩短电动机的使用寿命，严重时会烧毁电动机的绕组。所以，凡是长期运行的电动机必须设置过载保护。

热继电器种类很多，应用最广泛的是基于双金属片的热继电器，其外形如图 2-56 所示，主要由热元件、双金属片和触头三部分组成。热继电器的常闭触头串联在被保护电路的二次回路中，其热元件由电阻值不高的电热丝或电阻片绕成，串联在电动机或是其他用电设备的主电路中。靠近热元件的双金属片，是由两种不同膨胀系数的金属经机械辗压而成，为热继电器的感测元件。

图 2-56　JR10 型热继电器的外形

热继电器在保护形式上分为二相保护和三相保护两类。二相保护式的热继电器内装有两个发热元件，分别串入三相电路中的两相，常用于三相电压和三相负载平衡的电路。三相保护式热继电器内装有三个发热元件，分别串入三相电路中的每一相，其中任意一相过载，都会使热继电器动作，常用于三相电源严重不平衡或三相负载严重不平衡的场合。

热继电器的主要技术参数有：额定电压、额定电流、相数、热元件编号、整定电流及整定电流调节范围等。整定电流是指热元件能够长期通过而不至于引起热继电器动作的电流值。

常用的热继电器有 JR20、JRS1 及 JR0、JR10、JR15、JR16 等系列。

热继电器的检查内容如下：

（1）检查负荷电流是否和热元件的额定值相配合。

（2）检查热继电器与外部连接点有无过热现象。

（3）检查与热继电器连接的导线截面面积是否满足要求，有无因发热而影响热元件正常工作的现象。

（4）检查继电器的运行环境温度有无变化，温度有无超过允许范围（−30~40℃）。

（5）检查热继电器动作是否正确。

（6）检查热继电器周围环境温度与被保护设备周围环境温度差值，若超出正常工作范

围−15~25℃时，应调换大一号等级的热元件（或小一号等级的热元件）。

热继电器的常见故障有热元件烧坏、误动作和不动作。具体原因及维修见表2-5。

表2-5 热继电器常见故障原因及维修

序号	故障现象	故障原因	维修方法
1	误动作	1）整定但偏小 2）电动机起动时间过长 3）反复短时工作，操作次数过多 4）连接导线太细	1）合理设定整定值 2）从线路上采取措施，起动过程使热继电器短接 3）调换合适的热继电器 4）调换导线
2	不动作	1）整定值偏大 2）触点接触不良 3）热元件烧断或脱掉 4）运动部分卡阻 5）导板脱出 6）连接导线太粗	1）调整整定值 2）清理触头表面 3）更换热元件或补焊 4）排除卡阻，但不随意调整 5）检查导板 6）调换导线
3	热元件烧断	1）负载侧短路，电流过大 2）反复短时工作，操作次数过高 3）机械故障	1）排除短路故障及更换热元件 2）调换热继电器 3）排除机械故障及更换热元件

2.3 建筑电工搬运吊装

2.3.1 麻绳的使用

麻绳又叫作白棕绳，如图2-57所示，可以用于捆绑、拉索及杠吊。但它强度低、易磨损，因此严禁用于机械传动和摩擦阻力大、速度快或有腐蚀性的吊装作业中。使用麻绳时要先仔细检查，当磨损达直径的30%时应当予以报废。在使用时不能打结，不能碰击尖锐锋利之物，避免在粗糙物上拖拉，捆绑物体时应在尖角处垫以软质物。麻绳应当与木滑轮配合

图2-57 麻绳

使用。麻绳的保管应当防潮、防蛀、防化学物品、防高温等。

电工作业中常用的麻绳扣见表2-6。

2.3.2 钢丝绳的使用

钢丝绳如图2-58所示，广泛用于各种起重、提升和牵引设备。使用钢丝绳前要对其进行必要的外观检查，当断丝数达到表2-7中的数值时应当予以报废。钢丝绳在使用时必须处理好端部的固定和连接，连接强度不能小于破断拉力的75%。

表 2-6　电工作业中常用的麻绳扣

序号	绳扣	用　　途	图　　示
1	平扣	常用来连接两根粗细相同的麻绳	
2	活扣	常用来连接两根需要迅速解开且粗细相同的麻绳	
3	对扣	常用于连接麻绳或钢丝绳的两端	
4	腰绳扣	常用于高空作业时拴腰绳,或在紧线时用于绳索与导线的连接	导线或钢丝绳
5	拔桩扣	常用于麻绳纵向系吊圆木、管子等物件	
6	死绳扣	常用于横向系吊物件	
7	抬扣	常用于抬运物件,具有结绳、解绳迅速的优点	a) 第一步　　b) 第二步　　c) 第三步
8	抬杠扣	常用于系吊圆桶形物件	

（续）

序号	绳扣	用 途	图 示
9	挂钩扣	常用于绳索与吊钩之间的连接	
10	拴柱扣	常用于缆风绳的固定及绳索的溜放	

在实际工作中，经常要用绳卡夹紧钢丝绳，图 2-59 所示为常用的绳卡。拧紧绳卡的螺母时应当均匀，一般以压扁钢丝绳直径的 1/4～1/3 为止，不能松弛，防止滑落，也不能太紧，防止损伤绳丝。钢丝绳使用一次后会因受力而变形，第二次使用时应当进行第二次拧紧。图 2-60 所示为钢丝绳的放绳方法和绳卡的使用方法。

图 2-58　钢丝绳

图 2-59　绳卡

表 2-7　钢丝绳报废标准

长度范围	断丝数		
	6×19+1	6×24+1	6×37+1
6d	10	13	19
30d	19	26	38

注：d 为钢丝绳直径。

a) 钢丝绳的放绳方法

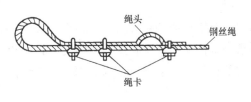

b) 绳卡的使用方法

图 2-60　钢丝绳的放绳方法和绳卡的使用方法

2.3.3 绞磨的使用

绞磨如图 2-61 所示。使用绞磨前应对其外观进行必要的检查，应当无明显缺陷，制动可靠，地锚的强度符合使用条件。绞磨的磨心应与导向轮基本在一条水平线上。

使用绞磨时，钢丝绳应从磨心的下部顺时针（从上往下看）方向缠绕，通常为 5~6 圈且以不重叠为好。钢丝绳下部引自重物方向，上部则由有经验的人撑紧，并随收紧、停止、松弛而拉紧钢丝绳。如缠绕部分出现卡涩现象应立即停止使用，将绳理顺后才能重新起动。

推动绞磨的速度应中速且均匀，随时听从指挥者的口令。如发生钢丝绳卷绕不动且正常用力难以推动的现象时，应当立即停止推动绞磨，故障消除后才能够重新起动。

图 2-61 绞磨

当需要停止绞磨时，应当由制动装置制动，同时必须推住磨杆不能松手。当需要下降时，应当缓慢推住磨杆后退而不是松手。当需要较长时间停止时，绳末端应用两个以上的绳卡与地锚或前端绳子卡在一起封住。

2.4 建筑电气设备用铁件、支架及管路制作加工

建筑电气设备用的铁件主要包括输电线路的横担、抱箍、接户线装置，变电站（室）及室外变电用的金属构件（架）预埋件、电缆或线槽的支架等，另外还有接地系统的地极棍、接闪杆、接闪线、接地引线等。这些金具有的是成品，有的需要建筑电工自己制作加工。此外，为了保证安装现场的准确性，建筑电气设备用的槽钢支架一般现场制作比较好。

2.4.1 铁件预制加工

1. 选材

根据图样或标准图册确定各种金具的所用钢材（一般包括角钢、工字钢、槽钢、扁钢、圆钢、钢管、钢板等）的型号、规格、每根长度、根数等。

2. 检验

索取到货钢材的产品合格证、出厂试验报告和材质单，并取样做理化试验。金具加工的钢材必须是合格品，机械强度必须满足设计要求，进一批料化验一批，严禁混料，严禁加工无化验单的材料，以便保证工程的质量。特别是承受应力较大的横担、支架等，更要注意这点。

3. 选料调直

大型加工基地应有调直机，小批量的加工可以用手工调直。手工调直和保护管调直方法

基本相同。也可以自制小型简单的调直机，一般为手动操作，其主要部件（丝杠）应当进行精确的机加工。

4. 下料

（1）下料的工具有手工铁锯、电动无齿锯、手动或是电动切管机等，严禁使用气割切管。

（2）用石笔在确定的材料上，按照长度画出锯削线。

5. 开孔

开孔的工具主要有手电钻、台钻、钻床或是铣床和各种规格的钻头。严禁用气割开孔。

6. 锻打

有的金具需要锻打成一定形状，如接闪杆顶端要锻成尖状，U形抱箍半圆部分要锻扁等。因此应当先在烘炉上将锻打部位烧红，然后用锤子将其锻打成图样要求的形状。有条件的还应当进行退火处理。小批量的锻件也可以用气焊烤红锻打。

凡是埋入建筑物用来固定设备或是元器件、支持电缆及铁管之类的金属构架的埋入部分，要做成鱼尾状，有的也需要锻打。

7. 焊接

根据加工图或标准图册，将散件焊接成形，如横担上的铁角、拉线底把的环钩、金属支持构架等。焊接应当使用电焊，对焊工应有严格要求，只有经劳动部门考试合格并取得操作证的焊工才有资格进行金具焊接，严禁无证操作。在施焊前应当焊接试件，然后进行断拉试验、超声波探测等试验，合格者才可以进行焊接。凡用在架空线路、变配电系统以及承受拉力或是压力部位的金具，其焊接部位应当打上焊接者的编号钢印，并抽样试验其焊接部的强度，以确保安全可靠。

焊接好的金具应当进行外观检查和验收，其焊接表面应光洁，无裂纹、毛刺、砂眼、飞边、气泡等缺陷。

8. 套螺纹

U形抱箍、穿钉螺栓等金具需套螺纹，以便紧固。套螺纹的主要工具是板牙和板牙架。

9. 镀锌处理

全部金具应热镀锌处理，一般由专业厂家进行加工。

10. 堆放

金具应按照类别、规格、安装工位堆放好，在堆放时，应当注意螺纹部分，以免损坏。

2.4.2 槽钢支架现场制作

为了保证安装现场的准确性，槽钢支架一般现场制作比较好。

1. 槽钢的选料

基础槽钢应当选用水平度较高的优质型钢，一般不做调直处理。

2. 槽钢的下料及焊接

基础型钢要做成矩形，宽为柜体的厚，长宽可以根据工地需要裁减。下料后将端部锯成45°，在平台上或较平的厚钢板上对接，先点焊好，测量其角度、水平度后即可焊接。

3. 开孔

（1）要测量配合土建时预埋的基础槽钢的地脚螺栓的纵横间距及直径，并在槽钢的下腿面上画好地脚的开孔位置。

（2）要测量电气设备地脚螺栓的安装尺寸，并在槽钢的上脚面上画好开孔的位置。开孔应当用电钻钻孔，然后用锉锉成长孔，一般不得用气割开孔。

4. 防腐处理

先清除焊渣及毛刺，然后用钢刷将内外的铁锈除掉，再内外涂防锈漆一次，色漆两次，色漆要和柜体的颜色一致或对应。

5. 安装

先将少许润滑脂涂抹在地脚螺栓的螺纹上，然后将槽钢支架抬到指定的位置，使其螺孔穿入地角螺栓并找平找正。再用和螺栓对应的平光垫、弹簧垫垫好，分别将各条螺栓稍拧紧，再测量一次水平，不合格的要进行调整。最后将四角和中间的螺栓拧紧，再将其余的螺栓紧好，螺栓要对称紧固。

2.4.3 金属管路预制加工

金属管路的预制加工工艺过程如下：

1. 选料及调直

一般应当选择笔直的金属管料，若是不直，应当将管料调直，弯曲严重的一般不得再使用。调直操作时用力要适中，一般不得改变管子直径的5%。有条件的应使用调直机。用锤子调直时应当垫以硬木，以防管子损伤。

2. 下料

（1）下料的工具有手工铁锯、电动无齿锯、手动或电动切管机等，严禁使用气割切管。

（2）用石笔在确定的材料上，按照长度画出锯削线。

3. 扫管清除毛刺及锈蚀

将金属刷子的两端用钢丝拴好，送入管内，将管子固定在1.4m高的平台上，然后两人分别从管子两端拉拽钢丝，配合要默契，并不断改变刷子在管内的角度，直至除尽见到金属光泽为止。应当使用专用的钢丝刷子，其规格应当和管子的规格相符，通常比管内径稍大一些。应当按管子的内径选择钢丝，内径小，钢丝细一些；内径大，钢丝粗一些。

除锈之后再用破布按上述方法将其管内的浮锈擦干净。

4. 弯形

金属管的弯形有两种方法，一种是手工弯形，一种是机械弯形。其方法如下：

（1）手工弯形

1）将管子立起来，下端用木楔塞好。

2）从上管口灌进干燥的豆砂（必要时，要在锅内或是铁板上加热烘干），边灌边用锤子敲打，直到灌满为止，然后用木楔将上管口塞好，并用锤子敲打使其牢固。

3）确定弯曲半径和弯曲部分画线。保护管的弯曲半径 R_w 一般为管子外径的 10 倍，弯曲部分的长度一般为以弯曲半径为半径的圆的 1/4 周长，这部分管子应在测量管子尺寸时加进去。$\overset{\frown}{AB}$ 弧长总要比 AB 直线长度大一点，但并不影响保护管的敷设，一般不予考虑。弯曲部分应在切点部位和控制点 1、2 部位用粉笔或细钢丝缠绕标出，如图 2-62 所示。

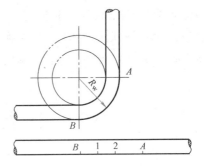

图 2-62 钢管弯曲半径和控制点的确定示意图

4）用烘炉或是气焊将弯曲部分加热烤红。加热应当均匀一致，要随时转动管子，以免加热过度。用气焊加热时可以用几个焊把同时加热。

5）将烤红的管子放在平台上，平台上有夹具。如图 2-63 所示，搬动较长的一端，将管子弯曲，弯曲一点并把管子向前推进一点，直到弯好。

图 2-63 手动弯形

6）弯好后将木楔取掉，将砂子倒出，再用破布扫管，将内部清扫干净。取出木楔的办法一般是用两把锤子同时从两侧延和管轴线成 20°的方向敲打。

（2）机械弯形。机械弯形和手工弯形基本相同，管径小一点的可以直接冷弯，管径大的应当热弯，其加热可用上述方法。用电动弯管器弯管时，将管子插入弯管器的滚轮内，开动电动机即可完成弯形。在选择弯管用的滚轮时，必须注意要根据管子外径的弯曲的曲率半径选择。在更换电动弯管器的滚轮时，必须停电。图 2-64 所示为电动弯管机。

5. 弯头的焊接

有些工程中，直径为 100mm 及以上的管弯采用焊接的方法，也就是用成品弯头和测量好的管子焊接。管子的处理方法

图 2-64 电动弯管机

同前，成品弯头的弯曲半径应不小于10倍管子外径，可以自己加工，也可以从市场购入。

焊接时先打坡口，焊接可以采用电焊或气焊，其要求是管内焊口不得有焊渣。

6. 防腐处理

明敷的管子应镀锌处理，没有条件的可以涂一遍防锈漆，安装后再涂一遍色漆；暗敷的管子应涂沥青和防腐漆两种。涂漆应当将管内、外全涂。管内涂漆的方法基本同用破布扫管：先用干净破布扫管，然后更换破布，在更换后的新的干净破布上倒上油漆，随后两人在管口两侧拉动破皮，必要时，再补倒几次油漆。涂完后将管放在干燥且温度偏高的通风的场所自然风干。

2.5 建筑电气线路用预埋件预埋

建筑物内导线敷设的方法可以分为暗敷和明敷两种。在导线敷设过程中除导线本身之外，还有很多起固定作用的预埋件和设备元件安装的预埋件要随土建工程的进度同步预埋，如图2-65所示的配合土建工程预埋好的接线盒。

图2-65 配合土建工程预埋好的接线盒

2.5.1 预埋件安装准备

（1）在开工前应当将预埋的金属管路进行调直、除锈、吹除，然后内外刷防锈漆一次、风干，送往现场。如采用电线管可以不必刷漆，这是因为电线管出厂时已内外刷漆。

（2）送往现场的管材、盒、箱等材料，应当进行外观、质量检查，不得有裂纹、破口、开焊及明显的机械损伤。敷设的管路其规格型号应符合设计要求。

（3）配合土建施工的主要机具有电焊机、气焊工具氧气、乙炔气，煨弯器、煨弯机、烘炉、吹风机、切管机、压力案子等。机具应随材料运到现场，在装车前应当检查是否能用。

（4）配合土建施工使用的主要图样，如设备平面布置图、动力平面图、照明平面图、配电系统图、电缆清册、弱电系统的平面图和有关土建结构、建筑的图样，应带到现场。

（5）预埋好的管路其管口应包扎严实，以免异物落入；进入箱、盒的管口应清除毛刺；敞口水平放置的管口应做成喇叭口，并焊好接地螺钉；应当随时摆正已下好的竖管及盒，不得由土建工人或他人移位。

2.5.2 预埋件安装要求

配合土建工程的预埋管路施工，应当符合现行国家标准的规定。

（1）敷设在多尘或潮湿场所的电线保护管，其管口及其连接处均应密封良好。

（2）电线保护管不宜穿过设备、建筑物及构筑物的基础。如必须穿过时，应当有保护措施；暗敷配电线保护管时宜沿最近的线路敷设，并应当尽量减少弯曲。埋入建筑物、构筑物内的电线保护管，与其表面的距离不应小于15mm；进入落地式柜、箱的电线保护管，应当排列整齐，管口通常应当高出柜箱基础面50~80mm，且同一工程应保持一致。

（3）电线保护管的弯曲处不应有折皱、凹陷和裂缝，其弯扁程度不应大于管外径的10%。电线保护管的弯曲半径应当符合以下规定：

1）管路明敷时，弯曲半径不宜小于管外径的6倍；当两个接线盒间只有一个弯曲时，其弯曲半径不宜小于管外径的4倍。

2）管路暗敷时，弯曲半径不宜小于管外径的6倍；当管路埋入地下或混凝土内时，其弯曲半径不应小于管外径的10倍。

（4）当电线保护管遇下列情况之一时，中间应当增设接线盒或拉线盒，其位置应便于穿线。

1）管路长度每超过30m且无弯曲。

2）管路长度每超过20m且有一个弯曲。

3）管路长度每超过15m且有两个弯曲。

4）管路长度每超过8m且有三个弯曲。

（5）垂直敷设的电线保护管遇下列情况之一时，应当增设固定导线用的拉线盒，其位置应便于拉线。

1）管内导线截面面积为50mm^{2}及以下且长度每大于30m。

2）管内导线截面面积为70~95mm^{2}且长度每大于20m。

3）管内导线截面面积为120~240mm^{2}且长度每大于18m。

（6）明设电线保护管，水平或垂直安装的允许偏差为0.15%，全长偏差不应大于管内径的1/2。

（7）潮湿场所和直埋入地下的电线保护管，应当采用厚壁钢管或防液型可挠金属电线保护管。干燥场所的电线保护管宜采用薄壁钢管或可挠金属电线保护管。钢管不应有折扁和裂缝，管内应当无切屑和毛刺，切断口应平整，管口应光滑。

（8）钢管的内壁、外壁均应做防腐处理。当埋设于混凝土时，可不做外壁防腐处理；直埋于土层内的钢管外壁应涂两遍沥青漆；在采用镀锌钢管时，锌层剥落处应涂防腐漆。设计如有特殊要求，则应按照设计要求进行防腐处理。

（9）钢管的连接应当满足下列要求：

1）采用螺纹联接时，管端螺纹长度不应小于管接头长度的1/2；连接后，其螺纹外露宜为2~3扣。螺纹表面应当光滑、无缺损。

2）采用套管连接时，套管长度通常为管外径的1.5~3倍，管与管的对口应于套管的中心。套管采用焊接连接时，焊缝应牢固严密；采用紧定螺钉连接时，螺钉应当拧紧；在振动的场所，紧定螺钉应有防止松动的措施。

3）镀锌钢管和薄壁钢管应当采用螺纹连接或套管紧定螺钉连接，不得采用熔焊连接。

4）钢管连接处的管内表面应当平整、光滑。

（10）钢管与盒箱或设备的连接应当符合下列要求：

1）暗配的黑色钢管与盒箱连接可以采用焊接连接，管口宜高出盒箱内壁3~5mm，且焊后应补涂防腐漆；明配钢管或暗配镀锌钢管与盒箱连接应当采用锁紧螺母或护圈帽固定，用锁紧螺母固定的管端螺纹宜外露锁紧螺母 2~3 扣。

2）当钢管与设备直接连接时，应当将钢管敷设到设备的接线盒内。

3）当钢管与设备间接连接时，对室内干燥场所，钢管端部宜增设电线保护软管或可挠金属电线保护管后引入设备的接线盒内，且管口应当包扎紧密；对于室外或室内潮湿场所，钢管端部应当增设防水弯头，导线应加套保护软管，经弯成滴水弧状后再引入设备的接线盒。

4）与设备连接的钢管管口与地面的距离宜大于 200mm。

（11）钢管的接地连接应当符合下列要求：

1）黑色钢管螺纹联接时，连接处的两端应焊接跨接接地线或采用专用接地线卡跨接。

2）镀锌钢管或可挠金属电线保护管的跨接地线宜采用专用接地线卡跨接，不应采用熔焊连接。

（12）管路敷设时，在安装电气设备或元件的部位应当设置接线盒。接线盒的敷设方式与管路相同，即管路暗敷，则盒应暗敷；管路明敷，盒也应明敷。同一建筑物内，同类电气元件及其接线盒的标高必须一致，误差为±1.0mm。

2.5.3 电源线路管的预埋

（1）在预埋电源管时，途经地面部分应先用土埋好，墙内敷设部分应用木杆三脚架支起，管口用塑料布或牛皮纸包扎严实，以免异物入内。

（2）埋入墙或是混凝土内的管子，距墙表面的净距离不得小于 15mm。

（3）照明开关箱电源管的敷设如图 2-66 所示。其中出电缆沟长度通常为 20mm，进入箱一般为 10mm；水平距离的长度是用钢卷尺按现场实际距离测量出来的；垂直部分的高度是按开关箱标高（1.4m 或 1.2m）决定的；灯叉弯（又叫作来回弯，见图 2-67）的有无及角度的大小是由箱体结构和墙的厚度决定的，主要看开关箱底部敲落孔的位置及距后底的距离。箱体的结构及外形如图 2-68 所示，必须把箱体在墙上的位置确定好后，才能下管。管的总长度为水平长度、垂直高度，进箱长度、进电缆沟长度和灯叉弯、直角弯的弯曲余量的总和。

（4）进入电缆沟的管口应当先做成喇叭口，然后用锉去除毛刺，再焊接一条 M6 的螺钉作为接地用。

（5）进入箱体的管口应用锉清除毛刺。

（6）开关箱经地面通往室内外别处的负荷管，在下电源管的同时，也要将其预埋好，入墙部分的尺寸、角度应当力求一致，和电源管并列成一排，其间距为敲落孔距，不得交叉，然后在两端管口部位用直径 6mm 的钢筋焊接好。

2.5.4 照明手动开关盒的预埋

1. 照明手动开关盒安装要求

（1）照明手动开关包括扳把开关、按键开关、翘板式开关等，通常设在 1.20m 或 1.40m 的标高处。当墙砌到标注的标高时，按照照明平面图中的开关位置（常设在开门侧），将开关盒及测量好尺寸且煨制好的管置于墙内，管子直径通常为 15mm。在配管时，要注意开关和被控灯的位置和顺序必须对应，在同一建筑物中所有的开关盒标高必须一致。

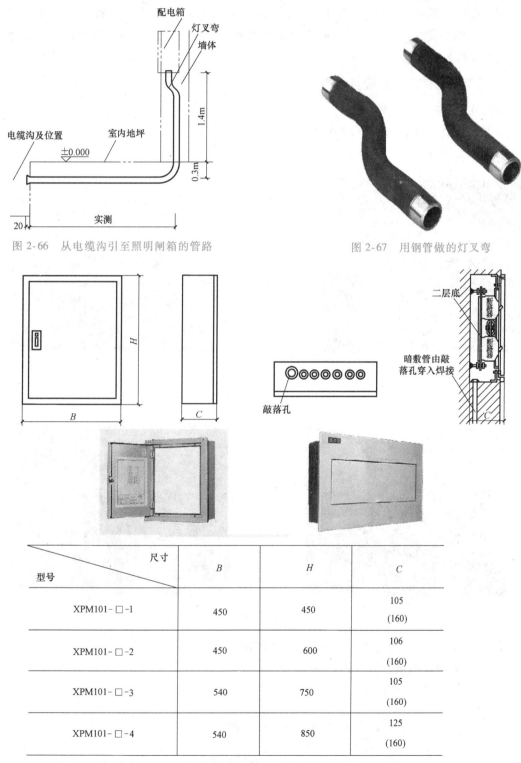

图 2-66 从电缆沟引至照明闸箱的管路

图 2-67 用钢管做的灯叉弯

尺寸 型号	B	H	C
XPM101-□-1	450	450	105 (160)
XPM101-□-2	450	600	106 (160)
XPM101-□-3	540	750	105 (160)
XPM101-□-4	540	850	125 (160)

图 2-68 箱体结构外形及在墙中预埋外壳的位置

（2）开关盒通往屋顶的管应通至屋顶下0.3m。这个尺寸要测量好，并且所有通往屋顶管的管口其标高应当一致，这是因为这里有一只接线盒。需要说明一点，如果采用软质塑料管配管，在屋顶下0.3m处则无需要接线盒，将管通至屋顶上的总长度精确测量即可。

（3）照明开关盒的安装，涉及竖直向上的管和由闸箱经埋地引来的电源管。开关盒是连接电源及灯具的枢纽。

2. 照明手动开关盒安装步骤

照明开关盒的安装步骤如下：

（1）检查开关板，如图2-69所示。

（2）安装开关板，如图2-70所示。

图2-69 检查开关板

图2-70 安装开关板

（3）接线及绝缘处理，如图2-71所示。

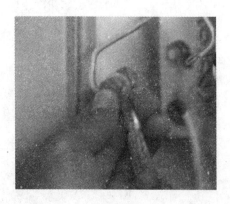

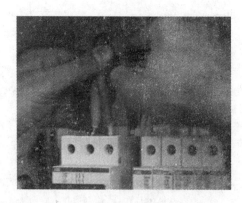

图2-71 接线

（4）用尼龙绑线带固定导线，如图2-72所示。

（5）检测绝缘电阻，如图2-73所示。

图2-74为安装在墙上的开关箱。

2.5.5 照明开关箱和维修开关箱箱体的预埋

（1）箱体距地的高度一般为1.20m或1.40m（图2-75），当墙砌到标注的高度时，闸箱的电源管、从闸箱通往各处1.20m或1.40m标高以下的管及其他1.20m或1.40m标高以下的墙上的管都已砌在墙内。

图2-72 尼龙绑线带固定导线

图2-73 检测绝缘电阻

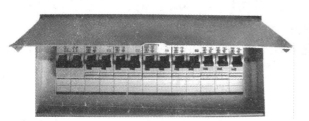

图2-74 安装在墙上的开关箱

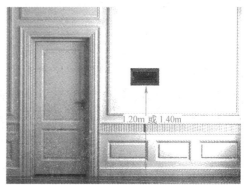

1.20m 或1.40m

图2-75 箱体距地的高度

（2）将箱体的外壳（不包括门）下底的敲落孔的堵板取掉，使其和电源管或排管根数相同的个数，根据箱体在图中标注的位置置于管口上方，并将管口插入敲落孔内。这时要注意箱体的中线对应的敲落孔应和排管中间的那根对应。如果配管和箱体配合得好，箱体前侧应当凸出墙面15~20mm，这就需要在下管前测量敲落孔的位置和了解土建抹灰厚度，以便决定竖管在墙中的位置和尺寸；如果配合得不好，就得现场重新开孔，这会使箱体变形损伤，或者给施工带来不便。

（3）箱体和建筑物接触的部分，应刷两道防腐漆，并随着墙体的增高，按标注的高度把通往左右他处的管子下好。进入箱的管口应用电焊与箱体点焊好，并用包扎物将所有管口包扎严实。当砖砌至照明开关箱上顶时，应敷设一根管通至屋顶下-0.3m处。

2.5.6 插座盒及管路的预埋

当砖墙砌到0.3m时，按照明平面图中插座设置的位置将插座盒置于墙上，同时应当将盒子通往左侧、右侧及上方方向的管布置好。如图2-76所示，通往左侧、右侧管子的下料尺寸是由相邻盒子的边距、进盒5mm和灯叉弯折角的余量总和决定的；通往上方的管子的下料尺寸是由上方盒子和该盒的上下边距、进盒 5mm 和灯叉弯折弯的余量总和决定的。盒在墙上的位置应使敞口侧凸出墙面 10mm，最大不超过 15mm，如图 2-77 所示。

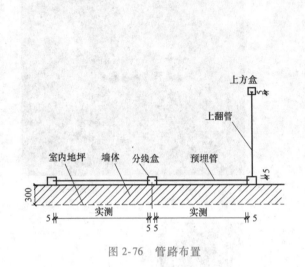

图 2-76　管路布置

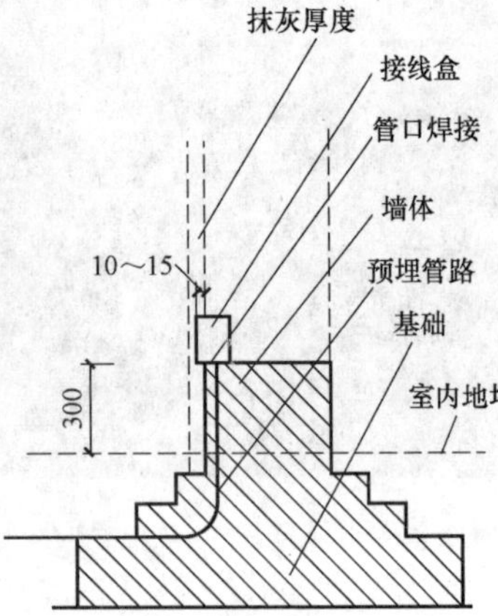

图 2-77　盒在墙中的位置

具体的出墙距离应当通过土建人员，或从土建图样上了解墙壁抹灰厚度确定，另外还和墙的平面度有关。盒应垂直放置，不得歪斜。管进盒的长度不得大于 5mm，并用电焊点焊牢固。管盒放置好后，竖管用三角木架支持固定好，暗盒和水平管砌入墙内，灰浆应饱满牢固。

2.5.7　壁灯盒的预埋

墙砌到标高 1.80~2.00m 时（由设计而定），按照平面图中壁灯的位置将壁灯盒及管预埋好，要求和开关盒相同。

2.5.8　屋顶灯具的金工件、接线盒及管路的预埋

(1) 如果屋顶为混凝土现浇板，墙砌到即将封顶标高时，在由下通至屋顶管的管口处，预埋一只分线盒，其方法和要求同前。再往上砌砖时则将这个盒的上方部位留下不砌，形成一个洞。当土建工程进行到屋顶绑扎钢筋时，将灯具的接线盒放在平面图标注的位置上（模板上），这个位置应当预先按墙内壁测量好。

按照测量的位置，将灯的每对盒内堵满水泥袋纸或其他容易撕下的废旧物，然后紧贴模板面将盒紧紧固定在模板上，盒内不得有空隙，与模板面应当尽量无间隙，避免水泥浆液进入盒内，如图 2-78 所示。

这里要注意几点：

1）电工与钢筋工、混凝土工、瓦工、木

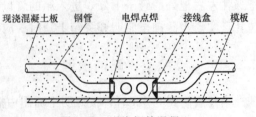

图 2-78　现浇钢筋混凝土
楼板上灯盒预埋示意图

工必须配合好，因为这时是混合交叉同时作业，管子要穿入钢筋的套子里，盒又要固定在模板上，还要在墙上留洞，稍有偏差就会给安装带来不便。因此在浇注混凝土时，必须有电工在场，随时纠正由土建施工而造成的管路、线盒的不妥之处。

2）木模板时，固定盒较容易，一般用细钢丝和钉子在木模板上固定；钢模板时，则需在灯盒处采用一块木模板，或者将铁盒与钢筋电焊点焊牢固。

3）假如灯具较重，则应在盒内预先插入一根直径 6～10mm 的钢筋。插入时利用敲落孔，一般出盒不超过 20mm。这根钢筋的两端最后将浇注在混凝土内，如图 2-79 所示。

4）灯具吊扇吊钩螺栓预埋方法如图 2-80 所示。

5）同一型号的灯具，其线盒间的距离应相等。

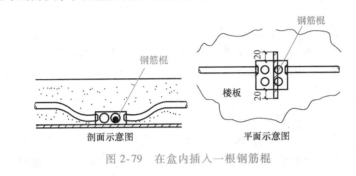

图 2-79　在盒内插入一根钢筋棍

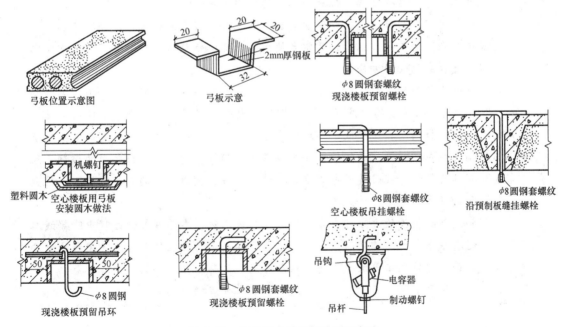

图 2-80　灯具吊扇吊钩螺栓预埋方法

（2）如果屋顶为混凝土预制板，土建工程进行到把预制板吊放在屋顶固定后时，先测量灯具位置，然后在确定的位置的预制板上凿一个洞，洞的大小由进入管的数量和盒的大小而定，通常不超过 36cm^2，最大不超过 50cm^2。

凿洞应当使用电动凿孔机，也有用手工凿洞的。电动凿孔机使用时应当注意施加压力不宜过大，应当使其自然往下转动，另外要注意安全。将钢管煨好后一端插入洞内，另一端插入另一个灯具的洞内或墙上屋顶下 0.3m 处的分线盒内，如图 2-81 所示。管口应当在板厚的中间和盒焊好，其他和现浇混凝土板预埋方法相同。土建抹灰时，通常是先将洞用砂浆填平，然后抹灰。土建抹地面时，凡是露出混凝土板的管路，不得悬空放置，必须先用硬物将管下充填严实且无上下晃动才能抹灰，否则完工后此处会裂开。

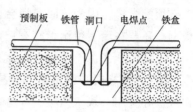

图 2-81　混凝土预制楼板上灯盒安装示意图

 ## 本章小结及综述

　　本章主要讲述了建筑电工基本安装操作技能，包括常用工具的使用，常用低压电器的安装，搬运吊装，电气设备用铁件、支架及管路的预制加工，电气线路用预埋件的预埋等。

　　电工工具是电气操作的基本工具，常用的电工工具包括验电笔、电工刀、螺钉旋具、钢丝钳、尖嘴钳、斜口钳、剥线钳、扳手、电烙铁、喷灯、手电钻、电锤、冲击钻、绕线机、电线管螺纹铰板及板牙、压接钳、射钉枪、紧线器、铁鞋等。建筑电工必须掌握电工常用工具的结构、性能和正确的使用方法。

　　低压电器可以分为控制电器和保护电器，低压电器应当正确选择，合理使用。

　　建筑电工在搬运吊装作业时，常常会使用到麻绳、钢筋绳及绞磨等，因此建筑电工要掌握上述物品的使用方法。

　　建筑电气设备用的铁件主要包括输电线路的横担、抱箍、接户线装置，变电站（室）及室外变电用的金属构件（架）预埋件、电缆或线槽的支架等，另外还有接地系统的地极棍、接闪杆、接闪线、接地引线等。这些金具有的是成品，有的需要建筑电工自己制作加工。此外，为了保证安装现场的准确性，建筑电气设备用的槽钢支架一般现场制作比较好。因此建筑电工要掌握这些铁件、槽钢支架的制作技能，以及金属管路的预制加工。

　　建筑物内导线敷设的方法可以分为暗敷和明敷两种，在导线敷设过程中除导线本身之外，还有很多起固定作用的预埋件和设备元件安装的预埋件要随土建工程的进度同步预埋，因此建筑电工要配合土建工程做好电气线路用预埋件的预埋。

　　读者通过学习本章内容，应掌握建筑电工基本安装操作技能。

第3章

建筑工地用电源及电气机械施工设备

 本章重点难点提示

> 1. 了解建筑工地临时电源用电规则。
> 2. 掌握建筑工地临时用电线路的架设。
> 3. 了解建筑工地临时电源的主接线。
> 4. 掌握建筑工地用自备电源设备的使用方法与养护事项。
> 5. 掌握建筑工地用电气机构施工设备的使用方法。

3.1 建筑工地临时电源用电规则

由于生产急需而架设临时线路时，一般应当采取如下的安全措施：

（1）要有一套严格的管理制度，经有关部门负责人批准，签注允许使用期限（一般应不超过三个月），并有专人负责，定期巡视检查，期满后立即拆除。如继续使用，需要严格检修。

（2）临时线路要使用合格的设备与器材，导线应当使用绝缘电线或电缆，线路布置整齐牢固，架设临时线要考虑电力负载平衡、开关保护整定值是否满足要求。

（3）临时线路应当由开关控制，不得从线路上直接引出，也不能以插销代替开关来分合电路，有关设备应采取保护接零、遮栏、标示牌等安全措施。

（4）临时线路不可任意拖拉、马虎架设，可沿建筑物构架敷设。其长度通常不宜超过10m，离地面高度不应当低于12m，沿地面敷设应当采取穿管保护措施。临时架空线长度不得超过500m，离地面高度不应小于4~5m，与建筑物、树木或其他导线的距离一般不得小于 2m。

（5）经验证明，在电力线路上发生安全事故者，多在临时明敷线路上，所以，对临时明敷线路导线接头漏电、破皮、断线落地、破皮导线碰接金属构架等隐患，要经常检查，及时处理。

3.2 建筑工地临时用电线路架设

3.2.1 临时供电的内容

（1）根据在施工现场专用的中性点直接接地的电力线路中必须采用 TN-S 接零保护系统的原则，用电单位有专门的供电变压器时，自然按照 TN-S 系统供电。

（2）实用中常采用架空线五线供电方式，也可以用五芯电缆。

（3）如果建筑施工现场用电量达到 100kW，或临时用电设备有 5 台以上，就应当做临时供电施工设计。

（4）统计工地的用电量，选择适当容量的电力变压器；草绘施工供电平面布置图，其中包括初步确定电力变压器的最佳位置、供电干线的数目及其平面布局，确定各主要用电点配电箱的位置，计算各条干线的截面面积等。

3.2.2 临时用电线路的架设

1. 供电线路平面布局

供电线路的布局应与施工总平面图中的各个用电中心及土建设计统筹考虑，应当注意电线杆不能影响地下光缆通信、天然气管道、上下水管道的畅通无阻。除此之外，还应当满足尺寸要求。

建筑物的水平距离应当不小于 1.5m，与没有门、窗的墙的距离不小于 1m。供电平面布局如图 3-1 所示。

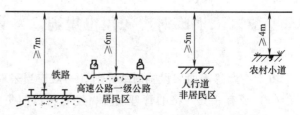

图 3-1　供电平面布局

布线应当平坦，取直，拐弯处应做拉线。电线杆间距不大于 35m，导线间距不小于 0.3m。

2. 临时用电线路的选择

（1）电源变压器的选择。系统采用 TN-S 方式即可。从零线端子板分出一根保护线 PE，形成 TN-S 系统。

（2）电源最佳位置的选择。变压器的位置关系着供电的安全、可靠、节约电气材料等，一般应当考虑以下因素：

1）电源变压器的位置应当尽量靠近高压线路。为了安全，高压线不得穿越施工场地。

2）电源尽可能靠近负荷中心。临时供电凭经验沿高压电路附近选择即可，准确的负荷中心位置可以用平面坐标法计算。

3）尽可能避开危险处，如有开山放炮、化工厂污染、出现有泥石流等处，应选在安全可靠、运输方便的地方。

4）当变压器低压为380V/220V时，其供电半径通常不大于700m，否则供电线路的电压损失将大于5%。室内变压器地面宜高出室外0.15m以上。

3. 临时线路的架设

根据平面图的要求进行施工。先安装变压器、电源，然后根据负荷拉线至所需位置。

3.3 建筑工地临时电源的主接线

1. 变配电所的放射式主接线

从总配电所放射式向本部门的分配电所供电的系统图如图3-2所示。该分配电所的电源进线开关宜采用隔离开关或手车式隔离触头组。变配电所6~10kV非专用电源线的进线侧，应当装带负荷操作的开关设备。变配电所的高压和低压母线宜采用单母线或是分段单母线接线。

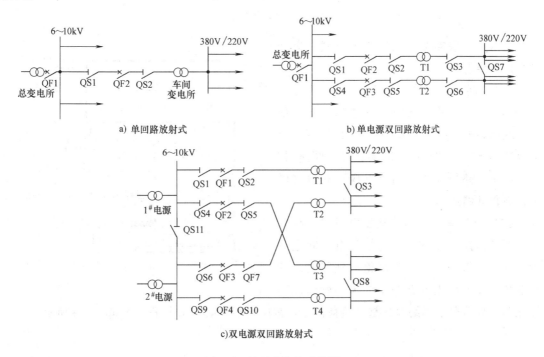

图3-2 放射式接线系统图

6~10kV母线分段处宜装设断路器，但属于下列情况之一时，可以装设隔离开关或是负荷开关或隔离触头组：

（1）事故时手动切换电源能满足要求。

（2）无需带负荷操作。

（3）对继电保护或自动装置无要求。

（4）出线回路较少。

2. 树干式主接线

变电所变压器电源侧开关的装设，如果以树干方式供电时，如图3-3所示，应当装设带保护的开关设备。当变压器在高压配电室贴邻时可不装设开关。

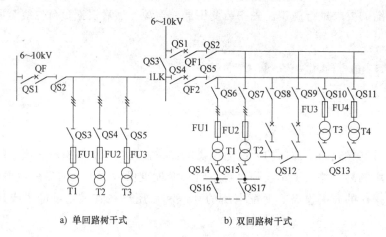

a) 单回路树干式   b) 双回路树干式

图3-3 树干式接线系统图

当低压母联断路器采用自投方式，应当符合以下要求：

（1）应装设"自投自复"、"自投手复"、"自投停用"三种状态的位置选择开关。低压母联断路器自投延时0~1s。当低压侧主断路故障分闸时，不允许自动接通母联断路器。低压侧主断路器与母联断路器应当有电气联锁，不得并网运行。

（2）应急电源（如柴油发电机组）接入变电所低压配电系统时，与外网电源间应设置联锁，不得并网运行。避免与外网电源计费混淆。在接线上要有一定的灵活性，以确

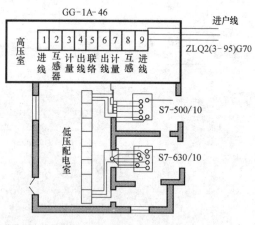

图3-4 配电室供电平面图

保在非事故情况下能给部分重要负荷供电。常用的某配电室供电平面图如图3-4所示。

3.4 建筑工地用自备电源设备

在现代工程建设中，建筑工地自备电源已经是不可或缺的重要设备，特别是一些重大工

程施工现场，为了杜绝由于突然停电或故障造成的损失及影响，自备电源已经得到了广泛的应用。

3.4.1 汽油发电机组

汽油发电机组功率较小，一般用在应急照明、小型动力设备上，其安装、使用、维护较为简单方便，如图3-5所示为常见的汽油发电机组。

汽油发电机组在使用时应放置平稳，应当将发电机接地端子接地，但不能与供电系统共用接地极。

图3-5 常见的汽油发电机组

1. 汽油发电机组的起动

（1）起动前的检查

1）检查汽油油位。将汽油箱盖打开，如油位太低应加注汽油，但不应溢出，然后将油箱盖旋紧装好。

2）检查机油油位。将机油尺插入后应在不拧紧的情况下检查机油的油位，如油位太低应加规定牌号的机油到油位上限，但不得超过上限，然后将机油尺拧紧装好。

3）检查滤清器。将空气滤清器盖打开，检查滤芯应当干净完好，否则应进行清洗。一般用规定的溶剂清洗，清洗后将其挤压干净，加几滴规定的机油，然后再将其挤压干净，通常可以用手拧紧挤压，最好将滤芯装入并拧紧盖。

4）检查蓄电池。每个单元的电解液均应位于液位的上限及下限之间，不足时应当补充规定的电解液，但不得超过上限。

（2）发电机的起动

1）断开一切负载，严禁带负载起动汽油发电机组。

2）将燃油开关置于"ON"（开）位置，将阻风门杆置于"OFF"（关）的位置。

3）将发动机开关置于"ON"（开）位置，然后轻轻拉起起动拉手，一直到手感到有阻力为止，再用力拉起起动拉手，此时发动机开始转动，直到额定转速。

4）到达额定转速即发动机起动完毕，然后将阻风门杆置于"ON"（开）的位置。

5）合上总断路器就可以发电使用了。

在起动过程中还应当特别注意：

① 发电机处于热机状态时起动，不得关闭风门。

② 起动后不得使起动拉手自行突然弹回，而是缓慢将其拉回。

（3）发电机的停止

1）断开断路器，将负载停掉。

2）关闭发动机开关。

3）关闭燃油阀。

如遇情况需要立即停止发电机，即可将发动机开关置于"OFF"（关）的位置。

（4）发电机使用注意事项

1）发电机必须可靠接地。

2）负载的总功率不得超过发电机额定功率。

3）发电机不得与供电系统连接。如必须与供电系统连接时，其总开关与供电系统总开关必须有互锁装置。

4）发电机不得置于室内使用，不得在潮湿环境中使用。

5）加油时必须令发电机停止工作，加油时不得使油溢出，在加油时工作人员不得吸烟，周围不得有易燃易爆物品或其他明火，最好设专人看护。

6）发电机带有两个以上负载时，应先接通起动电流较大的负载，停止时应先关掉负载电流大的负载。

7）如果因过载发电机断路器保护动作，应逐一关掉负载，停止 10min 后再重新起动发电机。

2. 汽油发电机组的维护和保养

（1）经常检查机油油位、空气滤清器和蓄电池电解液位置，并及时处理其他故障。

（2）更换机油，通常是在新机组使用的第一个月，或使用后的第六个月。更换时必须使用规定的机油。

（3）清洗空气滤清器，通常是在新机使用后的第三个月及以后每三个月清洗一次。

（4）清洗燃油过滤杯，通常是在新机组使用后的第六个月及以后每六个月清洗一次。

（5）清洗火花塞，通常是在新机组使用后的第六个月及以后每六个月清洗一次。

（6）检查调整气门间隙，通常是每年一次。

（7）清洗气缸盖，通常是每年一次。

（8）清洗燃油箱，通常是每三年一次。

（9）更换机油的方法及程序如下：

1）打开机油尺。

2）拧开泄油螺栓，排出机油，并清洗干净。

3）装上泄油螺栓拧紧，然后加入规定牌号的机油，不得过量。

4）将机油尺装好，并检查无误。

（10）火花塞清除方法及程序如下：

1）拆下火花塞帽，拆火花塞。

2）清理积炭，通常用铜刷、砂纸。

3）测量火花塞间隙，通常为 0.6~0.8mm。

4）装入并拧紧火花塞和火花塞帽。

（11）清洗燃油过滤杯的方法及程序如下：

1）先关闭燃油阀，并拆下沉淀杯和过滤网。

2）清洗沉淀杯和过滤网。

3）将沉淀杯和过滤网装好。

（12）发电机的保管。发电机如近期不用（不超过一个月）时应当按下列方法进行妥善保管：

1）将燃油箱中的燃油放净。

2）清洗燃油过滤网和沉淀杯，并将其装好。

3）放净化油器中的燃油。

4）拧开机油尺和泄油螺栓，放净机油后再将其拧紧装好，然后注入规定牌号的新机油到机油位上限，不得溢出，最后装好机油尺。

5）将起动拉手缓慢拉起，直至手感到有阻力为止，并固定牢固。

6）用原包装箱或厚塑料布将发电机装好，置于清洁干燥无火源的房间内，并由专人保养。

3. 汽油发电机组的常见故障排除

汽油发电机组的常见故障及排除见表3-1。

表3-1　汽油发电机组的常见故障及排除

序号	故　障	排　除
1	发动机不能起动	1）检查燃油油位及其质量,是否达符合规定 2）检查机油油位及其质量,是否达符合规定 3）检查火花塞是否积炭,间隙是否正常,如否则应修复及调整 4）器身内有无漏油,导管是否漏油等 5）起动时与正常状态有无区别和不妥,如有则应进行修复和调整 6）发动机轴是否灵活,是否被卡等
2	发电机无电压	1）断路器保护装置是否动作,元件或触点是否接触不良 2）蓄电池是否正常,检查其电压及电流 3）机身内连接导线有无松动或开脱,如有则进行修复 4）负载是否过大 5）用转速表检查发动机转速是否正常 6）发电机是否正常,有无内部短路或开路 7）励磁电压是否正常
3	发电机电压不稳定、频率不稳定	1）检查蓄电池、发动机转速 2）调整励磁电流 3）调整发动机转速
4	机身发热	1）负载是否过大。 2）机轴是否灵活无卡。 3）检查发电机内部有无短路或开路,连接部位是否松脱或短路。 4）通风较差
5	机身振动	1）三相负载严重不平衡 2）发动机、发电机轴承严重损坏 3）联轴器中心不正 4）发电机绕阻故障

3.4.2　柴油发电机组

1. 柴油发电机组的结构

一般情况下，柴油发电机主要由柴油机、发电机、联轴器、底盘、控制屏、燃油箱、蓄电池以及备件工具箱等组成，如图3-6所示。

2. 柴油发电机组的选择

（1）电源类型的选择

1）单相发电机组：单相发电机组适用于用电量较少，且集中在一处用电，又无需三相电源的场合。家用电器的电压通常为220V，故家用发电机组多选用单相电源。

2）三相发电机组：三相发电机组适用于用电量较大，且用电地点分布在相邻的几个地方（例如一个院内或是一幢楼房）及需要使用三相电源的场合。

图3-6 柴油发电机

（2）发电机组结构形式的选择

1）无刷与有刷发电机组。无刷与有刷是指发电机内部有无配备集电环和电刷。无刷发电机组适用于国防、邮电、通信、计算机等对防无线电干扰要求高的部门和场所；有刷发电机组适用于除上述部门之外的各行业。

2）低噪声组与一般型机组。低噪声机组适用于地处城镇及其他对环境噪声污染有较高要求的部门；通常型机组因结构简单、价格低廉，适用于对噪声污染无特殊要求的部门和场所。

3）罩式和开启式机组。罩式机组适用于室外及有沙尘、风雪的场所；开启式机组适用于室内及无污染的场所。

4）湿热型和普通型机组。湿热型机组适用于化工、轻工、医药、冶炼、海上作业等对防潮、防霉、防盐有要求的部门和场所；普通型机组适用于其他部门和场所。

（3）柴油发电机组单机功率的选择。选择柴油发电机组的单机功率时，应当考虑当地环境条件对柴油机功率的影响。

柴油机的功率标定：国家标准规定柴油机的标定功率，也就是柴油机铭牌上标注的功率，是指柴油机连续运行12h的最大功率。持续长期运行的功率是标定功率的90%；超过标定功率10%运行时，可以超载运行1h（包括在12h以内）。

为了有利于电站的维护、操作和管理，便于备件的互换，在机组选型时，同一电站内的机组型号、功率、规格应当尽量一致。

为了减小磨损，增加机组的使用寿命，常用电站的柴油发电机组宜选用额定转速不大于1000r/min的中、低速柴油机；备用电站可以选用中、高速机组。

3. 柴油发电机组的安装

（1）发电机组的安装

1）主机的安装。柴油发电机组和柴油机是配套安装在钢制底座上的，这是由制造厂安装好的，既便于运输，又便于安装。

底座在基础上的安装是通过地脚螺栓固定的。先将机组吊放在基础上，同时应当将地脚螺栓置于基础上的地脚螺栓孔内并穿过底座的固定螺孔内，然后用水平仪基本将机组找平找正，再把机组轻轻吊起（通常不超过500mm），并用枕木先将机组支起垫好。这个过程必须保持地脚螺栓的垂直和无位移，有时则采用较长的螺栓。此时用混凝土浇筑地脚螺栓，通常应采用快干水泥。浇注好后应当进行养护，然后将机组吊起轻轻放在底座上。

地脚螺栓必须用设计规定的圆钢制作，底部加工成L形或是鱼尾形，螺纹应当由车床车制，双螺母固定。

养护好后即用水准仪精测，将机组找平、找正，并用双螺母将地脚螺栓与底座固定，在必要时第二个螺母应用紧锁母。

2）热风管路及冷却系统的安装。热风管路安装要求平直，偏差不大于1%；如需转弯，其弯曲半径要大且内部应当平滑；与散热器连接处，要采用软接头。一般出风口的面积为散热器面积的1.5倍，出风口尽量靠近且正对散热器。出风口和进风口要尽量相距较远一些。热风排出口经常有自然顶风时，应当设置挡风墙。机组整体安装示意如图3-7所示。

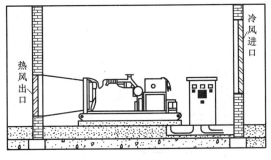
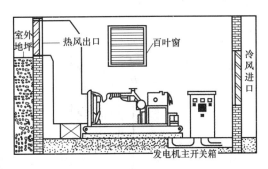

a) 机组放在首层　　　　　　　　　　　　　b) 机组放在地下室

图 3-7　机组的整体式安装示意图

当机房在地下室或被其他房间围住而无法设置排热风出口时，应当采用分体式散热机组，如图3-8所示。

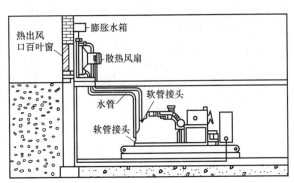
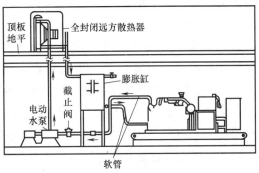

图 3-8　机组的分体式安装示意图

柴油机夹套的冷却水由水泵送到分体式水箱冷却，水箱高度不超过5m。由于机组所带水泵压力有限，当管道过长时，应当加大管径或增加辅助泵。系统中应有膨胀缸，其容量为系统容量的15%。为了保证室温及柴油机的燃料燃烧，应当设置通风机并保证足够的通风口。如冷却水箱因环境限制要安装在较高的位置时，可以采用热交换式冷却系统（图3-9）或带冷却塔的封闭式循环系统。

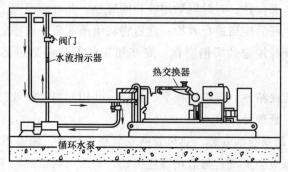

图3-9　热交换器冷却方式示意图

国产低速柴油机组，常采用将柴油机内夹套中的冷却水用泵直接打到冷却塔进行冷却的方式，如图3-10所示。

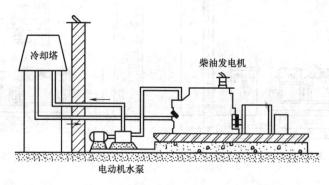

图3-10　冷却塔冷却方式示意图

3）排烟管的安装排烟管安装时应当加装消声器，消声器一般用法兰盘连接，要加垫密封，将螺栓拧紧，如图3-11所示。

（2）发电机供电系统的接线。发电机组作为备用电源，只有在公用电源停电的情况下，为不能停电的特殊设备供电，其系统图如图3-12所示。从图3-12中可以看出，KM1和KM2是两台电气和机械都互锁的交流接触器，有时为了工作可靠则采用由单独直流电源供电

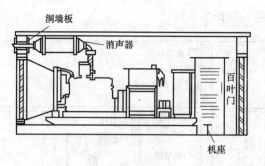

图3-11　消声器安装示意图

的直流接触器或由不间断电源设备（UPS）供电的交流接触器。KM1和KM2的切换有自动切换，也有手动切换的。有些功率小的发电机组则采用跟头闸作为手动切换装置。在接线时必须使发电机输出电压的相序与市电的相序一致。

1）手动切换电路的接线

① 双投刀开关切换，其接线如图3-13所示。将公用电源停电后，供电母线段接在双投

刀开关的中间四个接线柱上，其中一个是中性线（零线）接线柱。然后将公用电源停电后，非供电母线段与机组出线（发电机输出电压线，经控制柜内总开关）分别接在双投刀开关的上下闸口上。为了供电的可靠性，中性线也接入切换，但不加熔断器。这样，就可在公用电源停电时，将双投刀开关扳向下闸口 Q2 端，公用电源供电时扳向上闸口 Q1 端。

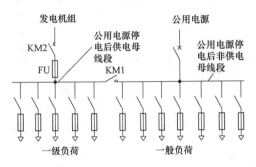

图 3-12　备用电源供电系统图

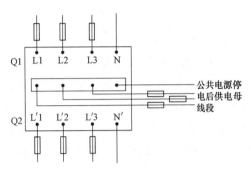

图 3-13　双投刀开关切换接线

还应当注意的是，公共电源和备用电源的相序应一致。在接线前，应当将相序找对；否则，电动机就会反转。

② 接触器切换，其接线如图 3-14 所示。如果公共电源停电后，非供电母线段接在 KM1 的上闸口，将发电机电压输出线接在 KM2 的上闸口，然后将 KM1、KM2 的下闸口同相连接后，再接至公共电源。停电后在供电母线段上，操作回路的电源应当取自各自的接触器上闸口。当公共电源停电后 KM1 自动掉闸，机组发电正常后可操作 SB2 合闸。当公共电源恢复供电后，可操作 SB1 使 KM2 掉闸，并使 KM1 合闸，然后再将机组关掉。

2）自动切换电路的接线。主接线基本与手动接触器的接线相同，但操作回路的接线却大不相同。

① 自动切换电源的控制回路，如图 3-15 所示。

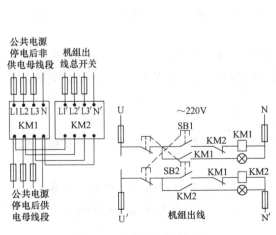

图 3-14　接触器切换接线

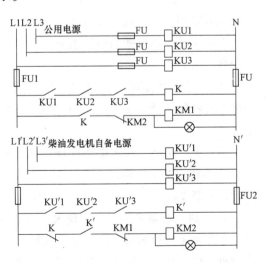

图 3-15　自动切换电源的控制回路

② 单独电源供电的控制回路，如图 3-16 所示。这个电路应当在公用电源停电后，非供

电母线段接上电压检测装置，作为自动切换的信号，如电铃或是指示灯。

如果不使用不间断电源设备（UPS），也可以使用蓄电池组，蓄电池组应当定时充电。

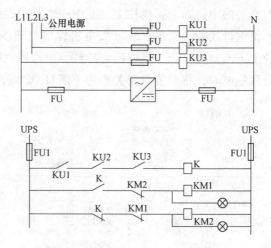

图3-16　单独电源供电的自动切换电路

4. 柴油发电机组的使用及保养

（1）使用前的准备工作

1）柴油、机油及冷却水的选用

① 柴油的选用。柴油机使用的燃油分轻柴油及重柴油两类。轻柴油适用于高速柴油机；重柴油适用于中、低速柴油机。与柴油发电机组配套的柴油机转速较高，一般采用轻柴油。

柴油的黏度随温度下降而增大，有的高分子碳氢化合物便产生结晶，称之为凝固点。

当下降到某一温度时，柴油失去流动性，此时的温度称为凝固点温度。轻柴油按照其凝固点温度的不同，可以分为10号、0号、-10号、-20号、-35号五种牌号。牌号的数字表示其凝固点的温度数值，例如-10号轻柴油的凝固点为-10℃。凝固点较高的柴油在温度较低的环境下工作时，很容易引起油路和滤清器阻塞，导致供油不足，甚至中断供油。所以，必须根据环境气温条件，选用适当牌号的柴油。例如，一般情况下，冬季气温在-15℃以上，很少降到-20℃的地区，可选用-20号轻柴油。

重柴油按照其凝固点温度的不同，分为10号、20号、30号三种牌号。10号重柴油适用于500~1000r/min的高速柴油机；20号重柴油适用于300~700r/min的中速柴油机；30号重柴油适用于300r/min以下的低速柴油机。

② 机油的选用。柴油机机油（润滑油）有8号、11号、14号三种牌号。机油的号数越大，油越黏稠。通常在夏季可以用14号柴油机机油，在冬季可以用11号或8号柴油机机油，在选用时亦应根据当地气温来决定，选用的原则是气温高选用高牌号机油，气温低选用低牌号机油。

③ 冷却水的选用。柴油机冷却系统中所用的冷却水并不是随意取用的。自然界的水中往往含有各种矿物质且混有许多杂质，这些矿物质和杂质将影响柴油机冷却系统的正常工作。

柴油机所用的冷却水必须符合下列要求：

a. 冷却水必须清洁。水中的杂质会引起冷却系统堵塞及系统中零件的严重磨损，如水泵叶轮的磨损。

b. 冷却水必须采用软水。硬水中含有大量矿物质，在高温作用下，容易产生水垢，附着于零件表面使冷却水通路堵塞，并且水垢的传热性极差，直接影响柴油机的冷却效果，使柴油机受热不均，气缸壁温升过高以致破裂。

柴油机冷却系统中应当采用软水，如自然界中的雨水和雪水等，但应当注意这些水中不同程度地混有各种杂质，在使用时应当进行过滤。

所谓硬水是指含有较多矿物质的水，如江水、河水、湖水、井水、泉水、海水等。这种水不能直接用作冷却水，必须经过软化处理才可以使用，其方法有以下几种：

a. 将硬水除去杂草、泥沙等脏物，在干净无油的水桶中加热煮沸，待沉淀后取其上部清洁的水使用。

b. 在 1kg 水中溶化 40g 氢氧化钠（即烧碱），然后加到 60kg 的硬水当中，搅拌并过滤后使用。

c. 在装硬水的桶内放入一定数量的磷酸三钠（见表 3-2），仔细搅拌，直到完全溶解为止。待澄清二三小时后再灌入柴油机水箱。

表 3-2　软化硬水时所需的磷酸三钠数量

水质	磷酸三钠(g/L 水)
软水(雨水、雪水)	0.5
半硬水(江水、河水)	1.0
硬水(井水、泉水、海水)	1.5~2.0

2）机组起动前的准备工作。柴油机在静止状态下，不能自行开始运转，必须借助外力矩创造一定条件才能够开始工作。根据柴油机起动所使用的能量来源不同，有四种起动方式：人力起动（又称之为手摇起动）、电动机起动（又称之为电起动）、压缩空气起动、辅助发动机起动（又称之为小汽油机起动）。

其中，以电动机起动方式较为普遍。柴油发电机组起动前通常应当做以下准备工作：

① 检查发电机绕组冷态绝缘电阻。用 500V 绝缘电阻表在常温下测量，发电机绕组对机壳之间的绝缘电阻应当不低于 2mΩ。对采用由电子元器件构成自动电压调节器的发电机，在测量绝缘电阻之前，应当将电压调节器和整流器等与发电机绕组间的电气连接点断开，以免电子元器件损坏。

② 检查柴油机、发电机、控制屏以及各附件的固定和连接是否牢靠，尤其应当注意各电气接头、油管接头、水管接头、地脚螺栓、接地装置等的连接是否牢靠，电刷与集电环（或是换向器）的接触是否良好，电刷在刷握中的活动是否正常。

③ 检查控制屏上的仪表和开关是否完好；发电机的总开关和分路开关均应当断开，将手动/自动转换开关置于手动位置；将励磁电压调节手柄转到起动位置。

④ 检查传动装置各运动部件的转动是否灵活，联轴器的连接是否正常，传送带松紧程度是否适当（用手在传送带中部推进时，以传送带被压下 10~15mm 为适宜）。

⑤ 检查机油油位是否在规定范围，并按照日常保养要求向各人工加油点加注润滑油。

⑥ 按照规定加足经过沉淀过滤的柴油，并检查燃油箱上部的通气孔，使其通畅。

⑦ 加足冷却水。

⑧ 对于在冬季气温较低环境下工作的机组，还应当采取防冻及预热措施：根据机组使用的环境温度换用适当牌号的柴油和机油；检查、调整和安装好预热装置；冷却系统应当灌注热水或防冻液。

（2）机组的起动、运行和停机

1）机组的起动。电起动是最为常用的起动方式，其起动方法如下：

① 打开燃油箱的供油阀门。

② 扳动输油泵上的手泵数次，以排除燃油系统内的空气，同时将调速器的油量控制手柄置于起动的位置上。

③ 用钥匙接通起动电路，按下起动按钮，使柴油机起动。待柴油机着火后随即松开按钮。如果按钮已按下 10s 柴油机仍不能着火运转，则应当立即松开按钮，在柴油机曲轴还没有完全停止转动时绝不能再按起动按钮，否则会打坏起动机上的齿轮。如果连续四次起动失败，应当查明原因，待故障排除后再起动。

④ 柴油机起动后，检查油压表、充电电流表的指示是否正常；监听机组运转声音是否正常；检查冷却水泵的工作是否正常。特别应当注意的是，如果起动 1min 后，油压表仍无油压指示，应当立即停机并查明原因。

⑤ 先在低速下运转 3~5min 暖机，在冬季暖机时间还应稍长一些。当柴油机运转正常，水温和机油温度上升之后，逐渐增加转速至额定转速，再空载运行几分钟。

⑥ 当柴油机的水温在 50℃ 以上，机油温度在 45℃ 以上，机油压力为 0.15~0.3MPa，并且机组各部分工作情况均为正常后，才允许接通主开关，逐渐地增加负载。与此同时，应当调节发电机的电压，即转动励磁电压调节手柄，使电压表读数逐渐升高到额定电压。然后将手动/自动转换开关扳到自动位置。对于有励磁开关的励磁系统，应当先接通励磁开关后调节发电机的电压。

手摇起动的方法如下：

① 先打开减压机构，将供油量放在中速位置。

② 然后由一人控制减压和油量，另一人摇车，将摇手柄套在曲轴前端的起动爪上，由慢至快转动曲轴。

③ 待转到最大速度时，立即关上减压机构，机组即可起动。

④ 柴油机起动后，转速就加快，此时摇手柄会自动脱开，所以摇车者应继续握紧手柄，不能松手，以免手柄甩出打伤人。

压缩空气起动和辅助发动机起动的方式应用较少，其起动方法见机组使用说明书。

2）机组运行中的监视

① 注意观察机油压力、机油温度、冷却水温度、充电电流等仪表指示是否正常，其值应当在规定的范围内（各种发电机组不完全一样），一般取：机油压力为 0.15~0.4MPa；机油温度为 75~90℃；出水温度为 75~85℃。

② 观察排气颜色是否正常。正常情况下的排气颜色为无色或是淡灰色，工作不正常时排气颜色变成深灰色，超负载时排气呈现黑色。

③ 观察集电环、换向器有无不正常的火花。

④ 观察机组各部位的固定和连接情况，注意有无松动或是剧烈振动现象。

⑤ 检查机组有无漏油、漏水、漏风、漏气、漏电现象。注意燃油、机油、冷却水的消耗情况，不足时应当及时按照规定的牌号添加。各人工加油点应当按规定时间加油。

⑥ 观察发电机及励磁装置、电气线路接头等处的工作情况。

⑦ 观察机组的保护装置和信号装置是否正常。

⑧ 监听机组运转声音是否正常，如发现不正常的敲击声，应当查明原因。

⑨ 注意机组各处有无异常气味，尤其是电气装置有无烧焦气味。

⑩ 用手触摸电机外壳和轴承盖，检查其温度是否过高。

⑪ 严格防止机组在低温低速、高温超转速或长期超负载情况下运行。柴油机长期连续运行时，应当以 90% 额定功率为宜。柴油机以额定功率运行时，连续运行时间不许超过 12h。

⑫ 注意观察发电机的电压、电流及频率的指示值。在负载正常时，发电机电压应当为额定值，频率为 50Hz，三相电流不平衡量应不超过允许值。

⑬ 不能让水、油或金属碎屑进入发电机或控制屏内部。

⑭ 使用过程中应当有记录，记载有关数据以及停机时间、原因、故障的检查及修理结果等。

3）机组的正常停机

① 在机组停机前应当做一次全面的检查，了解有无不正常现象或故障，以便停机后进行修理。

② 停机前，应当将蓄电池充足电（采用压缩空气起动应将贮气瓶内充足压缩空气），供下次起动时用。

③ 逐渐地卸去负荷，减小柴油机油门，使转速降低，然后将调速器上的油量控制手柄推到停机位置，关闭油门，使柴油机停止运转。

④ 用钥匙断开电起动系统。

⑤ 柴油机停转之后，将控制屏上的所有开关和手柄恢复到起动前的准备位置。

⑥ 如果停机时间较长，或是在冬季工作环境温度为 0℃ 以下时，停机后必须将冷却系统中所有冷却水放出，如采用防冻剂可以不放水。

⑦ 清扫现场，擦拭机组各部位，做好下次开机的准备。

4）机组的紧急停机。当发生紧急事故时，例如机组飞车、机油压力突然下降或消失、运动部件突然失灵或损坏、柴油机出现不正常声音、柴油机管路断裂、发电机内部冒烟时，应当采取紧急停机措施。此时，应当将油量控制手柄迅速推到停机位置，关闭油门，强迫柴油机停机。

5. 柴油发电机组的常见故障及其排除方法

（1）柴油机的常见故障及排除方法见表 3-3。

表 3-3　柴油机常见故障及其排除方法

序号	故障现象	故障原因	排除方法
1	柴油机不能起动	油路不通，不给油 1）油箱供油阀门未开 2）油箱通气孔堵塞 3）油管被污物堵塞 4）燃油系统不严密，漏进空气 5）油内有水分 6）调速器调速弹簧折断，齿条卡死	1）打开供油阀门 2）疏通通气孔 3）从油箱供油管开始，顺流向逐段检查疏通 4）检查油管各接头处，滤清器及喷油泵的严密性并排除空气 5）放掉油箱底部沉淀水分，用手动供油泵驱除供油系统内水分 6）更换弹簧，活动供油拉杆，恢复齿条位置

（续）

序号	故障现象	故 障 原 因	排 除 方 法
1	柴油机 不能起动	燃油雾化不良 1）喷油嘴配件磨损 2）喷油嘴针阀被卡死,喷油孔被积炭堵塞 3）喷油嘴压力调节不当,压力太低 4）喷油泵柱塞磨损,压力不足	1）更换喷油嘴 2）清洗喷油嘴 3）拆下喷油嘴,接通高压油管并调整喷油嘴压力,直至雾化良好为止 4）更换柱塞配件
		供油时间不对 1）检修时正齿轮装错 2）供油提前角错误	1）按照记号重新装配 2）调整供油提前角
2	起动困难	压缩力不足 1）进气门及排气门不严密 2）活塞环及气缸套磨损 3）气缸垫漏气或是串缸 4）喷油嘴或预热塞接合面漏气 5）活塞环故障	1）研磨进气门及排气门 2）更换活塞环,严重时应当镗缸,并更换加大活塞及活塞环 3）更换气缸垫 4）拧紧或更换铜垫圈 5）更换活塞环
		气门间隙不对 1）气门间隙调整螺钉磨损或锁紧螺母松脱 2）摇臂轴孔衬套磨损 3）供油提前角太小	1）重新调整间隙 2）更换衬套 3）调整供油提前角
		起动无力 1）蓄电池电压不足,或压缩空气气压不足 2）天气寒冷,机油变稠,机器转动阻矩增大 3）机组大修后,各轴承间隙过小,轴瓦过紧	1）充电或充气 2）加热机油,冷却系统灌注热水 3）重新调整轴承间隙和紧力
3	柴油机输出 功率下降	压缩力不足,燃烧温度不够 1）气门与气门座锥面密封环带破坏,密封不严 2）活塞环与气缸磨损严重 3）气缸垫损坏,气体串缸 4）活塞环故障 5）摇臂衬套缺油磨损,间隙过大,配气失调	1）研磨气门,在必要时,先进行校修气门座 2）更换活塞,磨损严重时应镗缸,并更换加大活塞及活塞环 3）更换气缸垫 4）更换活塞环 5）更换衬套,重调进排气门间隙
		供油提前角太小	松开喷油泵联轴器螺栓,调整供油角度
		进排气门间隙失调	用塞尺重调间隙
		燃油雾化不良,燃烧不完全 1）各缸供油量大小不一,喷油雾化不良 2）燃油不清洁,喷油泵柱塞过早磨损,造成供油压力不足	1）重新调整,在必要时,在油泵试验台上进行 2）更换油泵柱塞偶件,加强燃油澄清过滤
		空气滤清器堵塞	用毛刷清洗或更换滤芯
		柴油粗滤或细滤堵塞,来油不足	用汽油清洗滤清器
		排气管积炭过多,排气不畅	清除管内积炭

（续）

序号	故障现象	故障原因	排除方法
4	柴油机运转不均匀	燃油系统进入空气，来油时断时续	检查油路各结合面、燃油滤清器结合面及喷油泵各螺塞的严密性，并排净燃油系统空气
		部分气缸工作不正常 1）喷油泵柱塞新旧掺杂，喷油压力不一致 2）部分喷油嘴磨损过大或积炭堵塞油孔 3）部分喷油喷雾化不良，着火时断时续	1）更换磨损过大的柱塞，在油泵试验台调整 2）清洗或是更换喷油嘴 3）调整喷油喷油压力，使柴油雾化良好
		调速器部件磨损或弹簧弹性减弱或变形	更换磨损部件和弹簧
		部分气缸高压油管接合面漏油，使高压油压力降低，着火时断时续	拧紧结合面螺钉或更换垫圈
		喷油泵调节齿轮和齿杆不灵活，发涩发卡	用汽油清洗
5	柴油机自行灭火	供油中断 1）燃油系统管路被污物堵塞 2）燃油系统从油箱出口至喷油泵之间漏进空气 3）燃油内有水分沉淀 4）油箱盖通气孔堵塞 5）喷油泵凸轮轴折断	1）从油箱开始，顺流向逐段松开接头检查来油，找出堵塞部位并清除 2）检查各接头，特别是用橡胶管或塑料管的接合处 3）排除水分，更换经沉淀过滤的燃油 4）疏通气孔 5）打开喷油泵盖板、盘车或用起动机起动，观察喷油泵是否动作。如不动作，应当查明原因更换部件
		在高温高负荷下，冷却水中断，活塞局部熔化引起黏缸，或润滑油中断引起烧瓦抱轴	拆卸各气缸盖，检查黏缸部位，更换损坏部件；迅速拆卸机体两侧盖板，用手试触各轴瓦温度，温度最高的轴瓦可能是烧瓦部位，应当更换
6	柴油机运转声音不正常	在低速至中速时有过重的敲缸声 1）喷油提前角太小 2）喷油嘴滴油，在燃烧室发生间断性燃烧 3）个别缸的喷油压力小，除发生间断缺缸外，有时出现敲缸	1）调整喷油提前角 2）研磨喷油嘴针阀座面或更换喷油嘴 3）调整喷油压力
		部分气缸不工作 1）个别喷油嘴烧死在关闭位置或是喷油孔被积炭堵塞 2）高压油管结合面漏油，压力降低，喷油嘴不喷油 3）有个别高压油泵柱塞弹簧折断，供油中断 4）缸垫损坏，气门漏气严重	1）～4）可以用断缸的方法判断：把油门调到柴油机声音最不正常的位置，依次断开各缸供油油路，从柴油机声音来判断，如断开某缸供油后声音未变，则说明该缸不工作。可以检查该缸的喷油嘴或喷油泵柱塞弹簧并予以整修或更换，或是检查缸垫和该缸气门的严密性
		气门锁夹脱落或气门在杆端沟槽折断，导致气门掉进气缸，此时活塞顶部有不清脆的金属敲击声，柴油机功率下降，排气声及排气烟色显著异常	立即停机，打开全部气缸头罩，查明所在部位，卸下气缸头，如活塞损伤变形严重，应当更换
		曲轴瓦磨损严重，或是轴承合金剥落、烧蚀；在曲轴附近听到金属敲击声。低速时声音清脆，高速时声音反而变小，功率及排气烟色正常	应更换曲轴瓦片，重新研括

（续）

序号	故障现象	故 障 原 因	排 除 方 法
6	柴油机运转声音不正常	连杆螺钉松脱,金属敲击声剧烈,高速时更严重	紧急停机,查明部位,更换连杆螺钉,在必要时,更换曲轴瓦片
		气门间隙过小或没有间隙,其特征是缸盖部分有不清脆的敲击声,随转速变化而变化	用听针查明声音来源。调整该部位的气门间隙,必要时拆卸气缸头,检查内部有无损伤,如有损伤,应当更换活塞
		气门间隙过大,在气缸盖部位可以听到清脆的金属敲击声,随转速的快慢而高低变化	重新调整气门间隙
7	机油压力过低	使用机油牌号不符	更换机油
		机油使用过久变质,黏度降低	更换机油
		供油系统漏油,燃油漏进机油箱(或是油底壳),使机油稀释	检修供油系统漏油部位,更换机油
		调压阀弹簧弹性减弱或折断	重新整定调压阀开启压力或是更换弹簧
		调压阀整定压力过低	整定调压阀开启压力
		机油泵入口滤网堵塞,吸油阻力增加,来油减少	用汽油清洗滤网,必要时清洗油底壳,将机油重新过滤使用
		机油箱(或油底壳)油量不足	加足机油
		机油粗滤器堵塞严重,同时安全阀动作压力高,机油泵内漏增加,导致主油道压力流量均下降	清洗粗滤器,重新整定安全阀开启压力
		机油泵轴套端面磨损,间隙增大	更换轴套
		柴油机失修,各轴瓦间隙增大,漏油量大,压力降低	大修柴油机
		曲轴箱内部油管破裂,机油泄漏,压力降低	补焊或是更换破裂部位油管
		机油泵限压阀开启压力过低,油泵大量回油使泵油量减少,油压降低	整定机油泵限压阀开启压力
		机油压力表指示不准,读数偏低	核对或是更换机油压力表
8	机油无压力	机油压力表损坏或是压力表油管与主轴管接头松脱	查明部位,排除故障
		机油泵不泵油	检查更换机油泵损坏的传动件,如键或销等
		机油泵来油滤网严重堵塞	清洗滤网、油箱(或是油底壳),更换经过滤的机油
		油箱(或是油底壳)无油或油位过低	加足机油
9	排气烟色异常	排气冒黑烟,并时有火苗蹿出 1)气门关闭不严 2)气门弹簧折断,漏气严重 3)严重超负荷	1)研磨气门 2)更换弹簧 3)减负荷

（续）

序号	故障现象	故障原因	排除方法
9	排气烟色异常	排气冒浓重黑烟 1)空气滤清器堵塞,进入气缸空气不足 2)喷油雾化不好,油颗粒大,分布不匀 3)喷油提前角太小 4)负荷重,柴油机带不动	1)清洗空气滤清器或换滤芯 2)调整喷油嘴压力,如无效,应当检查喷油泵,或是更换喷油嘴 3)调整喷油角度 4)减负荷
		排气冒蓝烟 1)空气滤清器机油过多,随气流进入气缸燃烧 2)油底壳机油过多,被曲轴溅到缸壁的机油增多 3)活塞环磨损过大,活塞环对口,引起机油窜到燃烧室燃烧	1)放出多余机油 2)放出多余机油 3)更换活塞环
		排气冒白烟 1)柴油机温度低 2)柴油内有水分 3)个别缸垫损坏,冷却水进入气缸 4)进气门关闭不严,喷油嘴或是电热塞与燃烧室结合面漏气	1)减少冷却水流量 2)使用燃油应澄清过滤 3)更换缸垫 4)研磨气门
10	发动机过热	冷却水泵故障 1)水泵传动带太松,水泵转速下降 2)水泵叶轮松脱 3)使用低位冷却水池时,因水泵填料或水封环磨损,漏进空气,导致冷却水中断	1)紧传动带,保持传动带足够张力 2)检查叶轮是否磨损,在必要时更换 3)更换填料或密封环
		冷却水池水量少,冷却效果不好	加大冷却水池水量,改进或增加喷水头,提高冷却效果
		节温器失灵,不能进行大循环	更换节温器
		冷却系统积垢过多	用15%苛性钠溶液处理
		柴油机长期过负荷	减负荷
		水温表不准引起误判断	校对水温表,必要时更换
11	起动机不转	钥匙开关触点接触不良	拆下仪表板,检查钥匙开关触点及接线
		控制回路断线或接触不良	用校验灯或万用表查明断路或接触不良部位,重新接好
		蓄电池损坏。蓄电池与导线连接处酸腐蚀,引起主回路接触不良	检修或更换蓄电池。用砂布打磨导线与蓄电池接点
		电刷卡死,未与换向器接触	修磨或更换电刷,检查弹簧压力
		励磁绕组或是电枢绕组断路	用校验灯或万用表查明断路处,重新接好
		起动机接线柱或是绝缘刷握接地,或是励磁绕组接地	用绝缘电阻表查明接地部位,排除故障

（2）发电机的常见故障及排除见表3-4。

表 3-4　发电机的常见故障及排除

序号	故障现象	故障原因	检查方法	处理方法
1	发电机不发电	采用直流励磁机励磁的发电机反向旋转或是励磁机并励绕组接反	发电机匀速运转,将直流励磁机并励绕组的一端从刷握拆下后,测量剩磁电压,将此线端在原处试触时,剩磁电压立即降低。此现象为发电机反转或并励绕组接反	改正发电机旋转方向或是将并励绕组接线对调
		剩磁消失或是剩磁微弱不足以激励	发电机全速运转,测量励磁机剩磁电压,仪表无读数或读数很小	用干电池或是蓄电池给励磁机励磁绕组通电充磁,应当注意正、负极与励磁机正、负极一致
		励磁回路断线或是励磁绕组极间连接线脱焊	将励磁机并励绕组的一端拆下,用万用表欧姆挡测量整个励磁回路是否通路	接通断线,重新焊好
		磁场变阻器断线或是变阻器滑臂接触不良	拆下变阻器接线,用万用表测量其回路是否通路,并反复调节变阻器,观察电阻值的读数是否相应均匀地增大或减少	接通变阻器断线或是增大变阻器滑臂压力
		并励绕组两点接地	将并励绕组两端接线拆下,用绝缘电阻表逐个测量励磁绕组对地绝缘电阻,一般情况接地点多在绕组内孔四角上	重新包扎绕组绝缘结构或重绕
		转子内部磁极间连接线断线或脱焊	1)仪表盘上转子电流表无指示,励磁电压表指示偏高 2)取出集电环电刷,用试灯或是万用表检查集电环间是否通路	抽出发电机转子,用试灯或万用表在各磁极连接线依次测试,找出断路点并接通
		三次谐波励磁绕组断线或硅整流管击穿	1)在三次谐波绕组接线端子上测量是否有交流电压 2)将三次谐波绕组在接线端子上拆下,用试灯或万用表检查是否通路。如绕组正常,可将各硅整流管接点拆开,逐个测量其正反向电阻。若反向电阻很小,表明硅整流管被击穿	接通断线部位或更换同型号硅二极管
		晶闸管励磁不起励	测量发电机是否有剩磁电压或调节移相电位器,测量移相触发器输出端是否有信号脉冲输出	用于电池或是蓄电池向励磁机磁极绕组通电励磁,调整或更换移相触发器插件
2	发电机端电压低	发电机转速不够	观察频率表读数,或是用转速表直接测量发电机转速	提高原动机转速或更换带轮
		检修后将励磁绕组接错	将并励绕组两端接 6~12V 直流电源,用指南针检查极性,各极应是 N-S-N-S 交替变换。如不符,说明励磁绕组头尾接错	校对极性,更正接线
		励磁机励磁绕组短路	1)以 12~36V 交流电依次接入励磁绕组,测量各绕组的交流阻抗。如励磁绕组电流相差超过 5%,其中电流大的绕组可能存在短路故障 2)用惠斯顿电桥直接测量各绕组直流电阻	重绕励磁绕组

（续）

序号	故障现象	故障原因	检查方法	处理方法
2	发电机端电压低	励磁机磁极与电枢气隙太大	用塞尺测量各个磁极与电枢间隙是否符合要求	卸下磁极铁心,用铁皮在磁极背面作垫片以减小间隙
		发电机转子绕组短路	用惠斯顿电桥测试转子绕组直流电阻,如较前降低时,应抽出转子,以6~36V交流电源逐个对各磁极绕组通电并记录电流值,各绕组电流应基本一致,其中电流超过平均值5%以上的励磁绕组,应当进一步判明是否短路	更换绕组
		检修后定子绕组错误	卸下端盖,检查绕组接线,是否有绕组元件接错或是极相组接错	改正错接绕组
		晶闸管自励方式的发电机移相触发器导通角太小	检查移相触发器的电容器是否完好,并旋转滑臂,测试电位器的电阻,从零位到最大值是否均匀变化	更换电阻、电容元件,在必要时,更换移相触发器插件
		具有三相桥式整流自励方式的发电机部分硅管击穿	拆开各硅二极管接线,逐个测量硅管正、反向电阻,查出被击穿的硅管	更换同型号的硅二极管
3	电刷下冒火花	同轴式励磁机大轴弯曲,引起换向器径向圆跳动	拆下励磁机电枢,用指示表测杆顶在轴颈外沿上,缓慢盘车,记录径向摆动值	将轴校直,用指示表复查
		换向器表面不圆、不光洁	将指示表测杆顶在电刷顶部,调整好零位,用手转动转子,观测指示表径向圆跳动量	可以用玻璃砂纸研磨,换向器表面不圆应车削。在车削前,应先校正中心,使转子两轴承颈对铁心外圆同心度偏差不超过0.02~0.04mm后才可以车削。车削时换向器线速度不应超过30m/min,背吃刀量不超过0.05~0.10mm,进给量不超过0.1mm/min
		电刷与刷握间隙过大,电刷压力不足	用塞尺测量电刷与刷握间隙是否在0.1~0.2mm之间,并用小弹簧秤试测电刷压力	用玻璃砂纸研磨电刷,使间隙保持在0.1~0.2mm范围内,并调整电刷压力,使电刷压保持在200~300g/cm²之间
		检修时将换向极绕组接反	用指南针检查换向极的极性,顺旋转方向,极性顺序应为n(换向极)、N(主磁极)、s(换向极)、S(主磁极)	纠正错误接线
		电刷位置不在中性线上	检查刷握是否与原记号对准	按照原记号对准,如无原记号,可以用感应法确定电刷中性线位置
		磁极与电枢空气隙不均匀	用塞尺测量各极间隙,做好记录	调整磁极与磁轭间的垫片,使各磁极与电枢间的气隙与其平均值的差值不当超过0.4mm

（续）

序号	故障现象	故障原因	检查方法	处理方法
3	电刷下冒火花	与换向器相接的电枢绕组元件短路或脱掉	1)用短路侦察器查明短路部位，或用万用表查明脱焊部位 2)用电阻法测出短路绕组	更换短路部位的绕组，重焊脱焊绕组
		励磁机励磁绕组短路引起磁场不对称	测量各绕组直流电阻或做交流阻抗试验，查出短路的绕组	重绕励磁绕组
		电刷接触面太小，或电刷牌号不符	抽出各电刷，检查弧形接合面磨合情况，查对电刷牌号	按照生产厂要求牌号更换电刷，并研磨电刷
		换向片间短路	外观检查换向片间的凹槽内是否被炭粉、铜屑或杂锡等杂物填塞，片间云母是否被电弧烧灼炭化	仔细剔除片间污物，若炭化层很深，应彻底剔除炭化层。确实判别短路已排除后，在已剔除炭化层的凹槽内用绝缘漆调制云母粉填补
		电刷卡死	轻轻提起刷辫上下活动，检查是否灵活	观察电刷被卡处的摩擦痕迹，用玻璃砂纸研磨，保持电刷与刷握间隙为 0.1~0.2mm
		发电机过负荷	检查发电机定子电流表及转子电流表读数是否超过铭牌规定数值	减负荷至额定值。如果无功负荷过高，可以安装移相电容器
4	发电机温升过高	空气滤网被堵塞，冷却空气不畅通	用硬质纸放在进风滤网上，试测吸力大小。若无吸力或吸力很小，说明滤网堵塞	将滤网拆下，逐层用汽油清洗
		定子绕组积尘太多，散热不良	打开窥视窗口，观察绕组端部积尘情况	抽出转子用压缩空气将定子铁心通风道内及绕组端部的积尘彻底吹净
		发电机长时间满负荷。低转速运行，使冷却风量不足	观察频率表读数或计算原动机与发电机带轮变速比是否适当，或直接用转速表测量发电机转速	更换带轮，或提高原动机转速，确保发电机在额定转速下运行
		定子绕组短路	发电机空载时，三相电压不平衡，冷却空气出口处有焦臭味。停机后迅速用手摸定子绕组端部，发热异常、颜色异常和绝缘结构脆化的绕组即为短路绕组。或测量各相绕组交流阻抗，以判明短路部位	更换短路绕组
5	发电机振动	滚动轴承损坏或滑动轴承磨损严重，引起发电机转子下沉并与定子铁心摩擦	抽出转子，查看外观是否有明显的摩擦痕迹，定子槽楔和绝缘材料是否有烧焦痕迹。开启式或防滴式发电机在运行中，从端部可以看到摩擦产生的火花	更换滚动轴承或重新研刮轴瓦，绝缘结构严重烧焦的要重换绕组
		联轴器中心不正	用塞尺检查两联轴器端面互隔90°处的间隙是否一致，再用金属直尺靠在联轴器外沿，用塞尺检查中心偏移	重新找正联轴器中心
		转子绕组短路或气隙不匀引起的磁场不对称	断开励磁电流时，振动消失，接通励磁电流时，振动重复出现	重绕转子绕组或调整气隙

（续）

序号	故障现象	故障原因	检查方法	处理方法
5	发电机振动	转动部分重换绕组后未经平衡校正，或带轮未经平衡校正	不平衡情况严重而两端轴承又灵活时，用手盘动转子使之缓慢自由旋转，较重一端总是停在下边，不论断开或接通励磁电流振动无变化	将转子和带轮分别进行静平衡校正，功率较大的2极、4极发电机转子应进行动平衡校正
6	轴承温度过高	滚动轴承缺油或损坏	用听针测听，有明显噪声	清洗轴承，加润滑脂或是更换轴承
		滑动轴承两轴瓦安装不同心，接触面不好或是轴承间隙不合格	用塞尺测量轴瓦间隙，必要时拆下轴瓦，观察磨损情况	根据磨损情况，调整两轴瓦中心或修刮轴瓦、确保轴承与轴颈的间隙
		联轴器中心不正	用金属直尺或是指示表测量两联轴器中心偏移尺寸，测量端面间隙是否一致	重新校正联轴器中心
		滚动轴承润滑脂太多	用手触摸温度很高，用听针测听声音正常	清洗轴承，重加润滑脂，使其充填至轴承室空间的1/2～2/3即可，不宜过多
7	发电机运行时有不正常的噪声	电刷牌号不符	检查电刷牌号是否符合生产厂要求	更换合格电刷
		滚动轴承损坏	用听针测听轴承音响，正常的声音应当均匀和谐	更换轴承
		气隙不均匀，转子铁心与定子铁心摩擦	抽出转子，检查有无摩擦痕迹，并检查轴是否损坏，是否因轴承内圆与轴颈配合太松而将轴颈磨损引起转子下沉	更换轴承。如轴承磨损，应当送机修厂补焊并车削
		定子铁心松动在交变磁场作用下引起振动	抽出转子，观察定子铁心两端齿部是否松动	在已张口的铁心齿部注入绝缘清漆后压紧，待绝缘清漆干燥后即可

3.5 建筑工地用电气机械施工设备

3.5.1 电焊机

在建筑工地经常需要焊接一些钢板、钢筋、钢管等金属铁件，而电焊机就是最为常用的电焊设备。图3-17所示为常用的电焊机外形。

1. 电焊机的使用及维护

（1）电弧焊机接线前应当对其外观进行检查，不得有严重缺陷和破损，一、二次侧接线部分应无锈蚀，螺栓、垫圈、螺母齐全，接触紧密，并有防雨罩。调节手柄灵活且无卡阻，表计无损。

（2）用500V绝缘电阻表测量绝缘电阻：一、二次回路间绝缘电阻不低于5MΩ，一次回路与机架及其他回路之间不低于2.5MΩ，二次回路与机架以及所有其他网路之间不低于

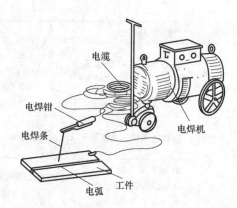

图 3-17　常用的电焊机外形

2.5MΩ。一次回路与机架之间的绝缘介电强度最低为 2500V，一、二次回路之间最低为 4000V，二次回路与机架之间为 1500V。

（3）电焊机械应当放置在防雨、干燥和通风良好的地方。焊接现场不得有易燃、易爆物品。

（4）交流弧焊机变压器的一次侧电源线长度不应当大于 5m，其电源进线处必须设置防护罩。发电机式直流电焊机的换向器应当经常检查和维护，应当消除可能产生的异常电火花。

（5）电焊机械开关箱中的漏电保护器必须符合有关漏电保护器设置的要求。交流电焊机械应当配装防二次侧触电保护器。

（6）电焊机械的二次侧接线应当采用防水橡皮护套铜芯软电缆，电缆长度大于 30m，不得采用金属构件或是结构钢筋代替二次侧接线的地线。

（7）使用电焊机械焊接时必须穿戴防护用品。严禁露天冒雨从事电焊作业。

（8）电焊机械的外壳金属部分必须可靠接地。

（9）电焊机械运行时，应当随时观测其运行情况，"嗡嗡"声是随着焊接电流大小而变化的，电流稳定时应该是均匀的"嗡嗡"声。声音较大时应当紧固机身的连接部位螺栓，并检查其内部有无松动，如有松动应及时解决。

（10）电焊机械停运或是下班时应当及时关闭电源，并将二次侧接线收回并盘好，以防意外事故发生。

2. 电焊机的节电装置

电焊机是一种阶段性、间歇性工作的装置，从焊接停止到下次焊接这段时间为空载运行。空载时间的大小由焊工决定，连续焊接的时间越长，空载的几率越小。在更换焊条时，电弧焊机也在空载运行。空载时电弧焊机无功功率很大，对电网不利。为了改变这种情况，人们发明了几种空载断电装置，也就是说，焊接时电弧焊机通电，停止焊接时电焊机断电，无空载运行。

节电装置的原理就是利用二次侧的低电压（通常为 36~72V）和电容器的瞬间放电使低压继电器吸合或是断开，进而接通主电源或是断开主电源，这样当焊接时主电电源接通，电弧焊机工作，停止焊接时主电源断开，电焊机停止工作，将空载减少到最小。

3.5.2 打夯机

图 3-18 打夯机

在土方工程施工中用到的电气设备，主要是回填土时使用的打夯机。打夯机如图 3-18 所示。

打夯机是利用三相电动机带动一个重锤旋转，利用重锤下降时的重力达到把土夯实的目的，同时因重锤离心作用，打夯机可以做直线运动。打夯机的电动机可以正、反向转动，即打夯机可以向前运动也可以向后运动。在打夯机上使用倒顺开关控制电动机直接起动和反转。电源用橡皮软电缆从配电箱上引来，软电缆为四芯，其中一芯接打夯机机架及倒顺开关外壳做接零保护。配电箱中使用四芯剩余电流断路器，接零保护线接在配电箱接地螺栓上，或使用四线插头、插座来接续电源。

在使用打夯机时要注意下述内容：

（1）打夯机在使用前检查绝缘性能、线路、漏电保护器、定向开关、传动带、偏心块等，确认无问题后才可以使用。

（2）打夯机在操作时由两个人操作，一人扶打夯机，另一人整理电线，防止夯头打断电源线，发生触电事故。

（3）打夯机作业时，机前 2m 内不得有人。多台打夯机夯打时，其左、右距离不得小于5m，前、后距离不得小于 10m。作业人员必须穿绝缘鞋，戴绝缘手套。

（4）随机的电源线应当保持 3~4m 余量，发现电缆线扭结、缠绕、破裂时应当及时断电，停止作业，马上修理。

（5）挪打夯机前，要先断电，绑好偏心块，盘好缆线。往坑槽里放打夯机时应当用绳索放下，严禁推扔打夯机。工作完成后，断电锁好阀箱，将打夯机放在干燥和防潮、防雨处保管。

3.5.3 振动器

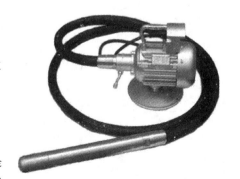

图 3-19 振动器

在混凝土浇筑施工中，为了使混凝土达到要求的密实度，并使砂石料能通过钢筋网孔达到各个角落，需要使用振动器。振动器如图 3-19 所示。

1. 插入式振动器

插入式振动器是利用电动机带动圆柱形振子或是行星式振子做偏心转动，产生的振动力将混凝土振实，振动器电动机转速可以达到 8000~10000r/min。

振动器的电动机轴与插入式振捣棒间用软轴连接，在使用时将棒体插入混凝土中，主要用于梁、柱等小面积构造件振捣。行星式振子靠滚锥在棒壳内滚动产生振动，圆柱形振子是靠振子的半圆柱形造成的偏心转动产生振动。振动器的电动机用机器尾部的组合开关控制，与电源连接用四芯橡皮软电缆，振动器外壳要做接零保护。

2. 附着式振动器

附着式振动器用来对大面积浇筑进行振捣，可直接安装在模板上进行振动，也可安装在大面积铁板上，做成平板振动器。附着式振动器的电动机轴两端装有偏心块，电动机转动时产生振动。附着式振动器的控制与插入式振动器相同。

 本章小结及综述

> 　　本章主要讲述了建筑工地临时用电线路的架设、建筑工地用自备电源设备的使用及电气机械施工设备的使用等内容。
>
> 　　建筑工地需要架设临时线路时，建筑电工要按照用电规则采取相应的安全措施，选择临时用电线路。
>
> 　　建筑工地自备电源是现代工程建设不可或缺的重要设备，特别是一些重大工程施工现场，为了杜绝由于突然停电或故障造成的损失及影响，均已广泛使用自备电源设备。因此，建筑电工要掌握建筑工地用自备电源设备的使用方法与养护维修等事项。
>
> 　　建筑工地用电气机械施工设备，有电焊机、打夯机、振动器等，建筑电工要掌握其使用方法。

第 4 章

建筑电气工程供配电线路施工

本章重点难点提示

> 1. 掌握架空线路的安装方法。
> 2. 掌握电缆安装用预埋件配合建筑工程的预埋安装。
> 3. 掌握电缆桥架的敷设施工。
> 4. 掌握电缆在竖井内的敷设施工、沿建筑物的明敷设施工和沿线管的暗敷设施工。
> 5. 掌握电缆头的室内安装方法。
> 6. 掌握电缆穿越建筑物时的防火措施。
> 7. 掌握电缆线路的竣工验收和维护检修等。
> 8. 掌握管内穿线的施工方法。
> 9. 掌握室内导线的连接方法和绝缘恢复方法。

4.1 架空线路安装

4.1.1 架空线路的组成

架空线路由电杆、横担、绝缘子、导线以及接闪线（架空地线）、拉线等组成，如图 4-1 所示。

1. 电杆

按在线路中的用途，电杆可以分为直线杆、耐张杆、转角杆、终端杆、分支杆及跨越杆等。其主要作用是固定横担，支撑导线、绝缘子、金具等，且应当能够承受风、雨、雪等的压力。

架空线路宜采用钢筋混凝土杆或木杆。钢筋混凝土杆不得有露筋、宽度大于 0.4mm 的裂纹和扭曲；木杆不得腐朽，其梢径不应当小于 140mm。电杆埋设深度宜为杆长的 1/10 加 0.6m，回填土应当分层夯实。在松软土质处宜加大埋入深度或采用卡盘等加固。

图 4-1　架空线路

2. 横担

按照所用材质的不同，横担可以分为木横担和铁横担两种。其主要作用是固定绝缘子，使各绝缘子保持一定距离，从而确保导线的一定间距，防止摆动时造成导线相间的短路。

直线杆单横担应装于受电侧。90° 转角杆及终端杆，单横担应装于拉线侧。横担安装偏差：端部上下偏差和左右偏差均不得超过 20mm。

架空线路横担间的最小垂直距离不得小于表 4-1 所列数值；横担宜采用角钢或方木，低压铁横担角钢应按表 4-2 选用，方木横担截面面积应当按照 80mm×80mm 选用；横担长度应按表 4-3 选用。

表 4-1　横担间的最小垂直距离　　　　　　　　　（单位：mm）

排列方式	直线杆	分支或转角杆
高压与低压	1.2	1.0
低压与低压	0.6	0.3

表 4-2　低压铁横担角钢选用

导线截面/mm²	直线杆	分支或转角杆	
		二线及三线	四线及以上
16 25 35 50	L50×5	2×L50×5	2×L63×5
70 95 120	L63×5	2×L63×5	2×L70×6

表 4-3　横担长度选用　　　　　　　　　　　　（单位：m）

二线	三线、四线	五线
0.7	1.5	1.8

3. 绝缘子

绝缘子又称瓷瓶，其作用是悬挂导线，确保导线与导线、导线与电杆间的绝缘，同时承受主要由导线传来的各种荷重，因此，它必须有良好的绝缘性能和一定的机械强度。

绝缘子的种类很多，有针式、蝶式、悬式及瓷横担式。在施工现场常用的是低压针式和低压蝶式。低压针式绝缘子常用于低压线路的直线杆，而低压蝶式绝缘子常用在耐张、转角、分支及终端电杆。

直线杆和15°以下的转角杆，可采用单横担单绝缘子，但跨越机动车道时应当采用单横担双绝缘子；15°~45°的转角杆应采用双横担双绝缘子；45°以上的转角杆，应当采用十字横担。

4. 导线

（1）施工现场的架空线必须采用绝缘导线，必须架设在专用电杆上，严禁架设在树木、脚手架以及其他设施上。

（2）架空线路的档距不得大于35m，线间距不得小于0.3m，靠近电杆的两导线的间距不得小于0.5m。

（3）架空线路相序排列应符合以下要求：

1）动力、照明线在同一横担上架设时，导线相序排列是：面向负荷从左侧起依次为L1、N、L2、L3、PE。

2）动力、照明线在二层横担上分别架设时，导线相序排列是：上层横担面向负荷从左侧起依次为L1、L2、L3；下层横担面向负荷从左侧起依次为L1（L2、L3）、N、PE。

（4）架空线在一个档距内，每层导线的接头数不得超过该层导线条数的50%，且一条导线应只有一个接头。在跨越铁路、公路、河流、电力线路档距内，架空线不得有接头。

（5）架空线导线截面面积的选择应符合下列要求：

1）导线中的计算负荷电流不大于其长期连续负荷允许载流量。

2）线路末端电压偏移不大于其额定电压的5%。

3）三相四线制线路的N线和PE线截面面积不小于相线截面面积的50%，单相线路的零线截面面积与相线截面面积相同。

4）按机械强度要求，绝缘铜线截面面积不小于10mm²，绝缘铝线截面面积不小于16mm²。

5）在跨越铁路、公路、河流、电力线路档距内，绝缘铜线截面面积不小于16mm²，绝缘铝线截面面积不小于25mm²。

5. 拉线

拉线在架空线路中的作用是平衡电杆各方向上的拉力，以防电杆的弯曲或倾倒。在承力杆（如转角杆、终端杆、耐张杆）上均应当装设拉线。常用的拉线包括：普通拉线（或称为尽头拉线），主要用在终端杆，起拉力平衡作用；转角拉线，用在转角杆上，起拉力平衡作用；人字拉线（即二侧位接线拉线），用在基础不实和交叉跨越高杆、较长耐张杆中间的直线杆上，以保持电杆的平衡，避免倒杆、断杆；其他还有高桩拉线、自身拉线等。拉线的结构如图4-2所示。

电杆的拉线宜采用不少于3根直径4.0mm的镀锌钢丝。拉线与电杆的夹角应当在30°~

45°。拉线埋设深度不得小于1m。电杆拉线如从导线之间穿过，应当在高于地面2.5m处装设拉线绝缘子因受地表环境限制不能装设拉线时，可采用撑杆代替拉线，撑杆埋设深度不得小于0.8m，其底部应当垫底盘或石块。撑杆与电杆的夹角宜为30°。

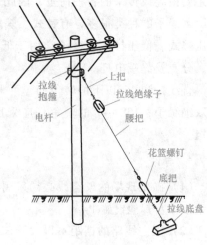

图 4-2　拉线的结构

6. 金具

在架空线路敷设中，横担的组装、绝缘子的安装、导线的架设、电杆拉线的制作等均需要一些金属构件，这些金属构件统称为线路金具。

常用的线路金具有：横担固定金具，如穿心螺栓、U 形抱箍等；线路金具，如挂板、线夹等；拉线金具，如心形环、花篮螺栓等。

4.1.2　架空线路的安装方法

在架空线路中，导线的接头包括两种：一种是在档距中间的接头，对这种接头的要求是既能承受导线的拉力，又能很好地传导电流，接触电阻越小越好；另一种是跳线接头，它不承受拉力，只要求接触良好，能很好地传导电流。导线的连接方法主要有以下几种。

1. 导线的绑接法

导线的绑接法如图 4-3 所示，多用于铝绞线、铜绞线的导线连接。连接时，先将两根导线的接头并好，绑扎长度不应当小于 150～200mm，再用与导线同型号的单股线作为绑线，从中间向两侧缠绕，缠到头时与导线的线头拧成小辫收尾。将导线尾部弯好，防止导线被拉出。较大截面面积的导线使用线夹连接，而不用绑接法。

图 4-3　导线的绑接法

2. 导线的叉接法

铜绞线及导线截面面积在 35mm² 及以下的铝绞线，多采用叉接法连接。这种接法的导线连接长度通常为 200～300mm。叉接法的具体操作方法如图 4-4 所示。先把导线接头长度的 1/2 顺序拆开拉直，去掉表面的污垢，做成"伞骨"的样子；把两个伞骨每隔一股互相交叉插到底，将插好的线拢在一起，用电工钳压紧；用同导线一样的单股线在中间缠绕 50mm，绕完后将绑线头弯成直角靠拢在导线上，再用导线本身的单股线压住绑线头，并逐步向两端缠绕；绕完一股后，再用另一股线头把余下的前股线尾压在下面，继续缠绕，直到绕完为止。最后一股缠完之后，与前边压住的线头拧成小辫收尾，接头接好后涂上少量中性的凡士林油或导电膏，以减少氧化膜的产生。

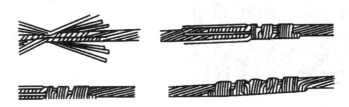

图 4-4　导线的叉接法

3. 导线的压接法

由于铝极易氧化，并且氧化膜的电阻很高，因此铝导线一般应当采用钳压法连接，如图 4-5 所示。

钳压法的操作方法如下：

（1）将准备连接的两个断头用绑线扎紧后再锯齐。

（2）根据导线规格选择适当的铝压接管及钳压模。

（3）用汽油清洗管内壁及被连接部分导线的表面，并在导线表面涂一层电力脂（导电膏）或中性凡士林。

（4）将连接的两根导线的端头穿入钳压管中，导线端头露出管外部分不得小于 20mm。用于钢芯铝绞线的钳压管中，两导线间夹有一条铝垫片，可以增加接头的连接力，使接头良好。

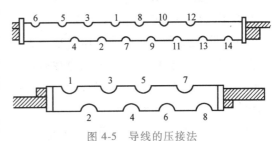

图 4-5　导线的压接法

（5）用压接钳按压接顺序，压出一定数量的凹坑，每个压坑应当一次压完，中途不能间断。导线的型号不同，压坑的深度也不同。压坑过深，会使导线受到损伤，影响机械强度；压坑过浅，可能压接的不紧，导线会被抽出来。

4.2　电缆线路施工

4.2.1　电缆的结构及选择

1. 电缆的结构

电缆通常是由导电线芯、绝缘层和保护层三个主要部分组成的，如图 4-6 所示。

（1）导电线芯。导电线芯也称芯线，是用来输送电流的，必须具有一定的导电性，另外还应当具有良好的拉伸强度和屈服伸长率、耐腐蚀性好以及便于加工制造等特点。电缆的

a) 实物图

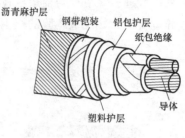

b) 示意图

图 4-6　电缆的基本结构

导电线芯一般由软铜或铝的多股绞线做成，这样做成的电缆比较柔软易弯曲。

我国制造的电缆线芯的标称截面面积有：$1mm^2$、$1.5mm^2$、$2.5mm^2$、$4mm^2$、$6mm^2$、$10mm^2$、$16mm^2$、$25mm^2$、$35mm^2$、$70mm^2$、$95mm^2$、$120mm^2$、$150mm^2$、$185mm^2$、$240mm^2$、$300mm^2$、$400mm^2$、$500mm^2$、$625mm^2$、$800mm^2$。

（2）绝缘层。绝缘层的作用是将导电线芯与相邻导体以及保护层隔离，抵抗电力电流、电压、电场对外界的作用，确保电流沿线芯方向传输。绝缘层的好坏直接影响电缆运行的质量。

电缆的绝缘层材料分为均匀质及纤维质两类。均匀质有橡胶、沥青、聚乙烯、聚氯乙烯、交联聚乙烯、聚丁烯等；纤维质有棉、麻、丝。

（3）保护层。保护层是为使电缆适应各种使用环境的要求，而在绝缘层外面所施加的保护覆盖层。其主要作用是保护电缆在敷设和运行过程中，免遭机械损伤和各种环境因素（如水、日光、生物、火灾等）的破坏，以保持长时间稳定的电气性能。所以，电缆的保护层直接关系电线电缆的使用寿命。

保护层分为内保护层和外保护层：

1）内保护层。内保护层直接包在绝缘层上，保护绝缘层不与空气、水分或其他物质接触，所以要包得紧密无缝，并具有一定的机械强度，使其能承受在运输和敷设时的机械力。内保护层有铅包、橡套和聚氯乙烯包四种。

2）外保护层。外保护层是用来保护内保护层，防止铅包、铝包等受外界的机械损伤和腐蚀的，它是在电缆的内保护层外面包上浸过沥青的黄麻、钢带或是钢丝。至于没有外保护层的电缆，如裸铅包电缆等，则用于无机械损伤的场合。

2. 电缆的选择

电缆的选择要从以下三方面进行：

（1）电缆的额定电压应当不小于被使用电网的额定电压。

（2）根据被使用的环境及敷设方法来选择电缆。

根据被使用的环境和敷设方法来选择电缆的方法见表 4-4。

（3）根据发热条件选择：

$$I_{xy} \geqslant I_{js}$$

式中　I_{xy}——电缆芯线安全载流量（A）；

　　　I_{js}——通过电缆的计算电流（A）。

当数根电缆敷设在地中或管中，其安全载流量除了要乘温度校正系数外，还应当乘以并列在地中的工作电缆校正系数。电缆的温度校正系数及并列系数见表4-5和表4-6。

表 4-4　根据被使用的环境和敷设方法来选择电缆

环境特征	电缆敷设方法	常用电缆型号
正常干燥环境	明敷或放在沟中	ZLL、ZLL11、VLV、XLV、ZLQ
潮湿和特别潮湿环境	明敷	ZLL11、VLV、XLV
多尘环境(但不包括火灾及爆炸危险尘埃)	明敷或放在沟中	ZLL、ZLL11、VLV、XLV、ZLQ
有腐蚀性环境	明敷	VLV、ZLL11、XZV
有火灾危险的环境	明敷或放在沟中	ZLL、ZLQ、VLV、XLV、XLHF
有爆炸危险的环境	明敷	ZL120、ZQ20、VV20
户外配线	电缆埋地	ZLL11、ZLQ2、VLV、VLV2

表 4-5　电缆的温度系数校正

导体额定温度/℃	实际周围空气温度/℃									
	5	10	15	20	25	30	35	40	45	50
80	1.17	1.13	1.09	1.04	1.00	0.95	0.90	0.85	0.80	0.74
70	1.20	1.15	1.11	1.05	1.00	0.94	0.88	0.81	0.74	0.67
65	1.22	1.17	1.12	1.06	1.00	0.94	0.87	0.79	0.71	0.61
60	1.25	1.20	1.13	1.07	1.00	0.93	0.85	0.76	0.66	0.54
55	1.29	1.23	1.15	1.08	1.00	0.91	0.82	0.71	0.58	0.41
50	1.34	1.26	1.18	1.09	1.00	0.89	0.78	0.63	0.45	

注：1. 油浸纸绝缘电力电缆芯线最高允许工作温度为：1~3kV，+80℃；6kV，+65℃；10kV，+60℃。
　　2. 周围空气的计算温度：电缆室外明敷时，应为最热月最高气温月平均值；在室内应为敷设地点最热月平均气温。

表 4-6　地下电缆的并列系数

电缆之间距离/mm	电缆的数目/根					
	1	2	3	4	5	6
100	1.0	0.88	0.84	0.80	0.78	0.75
200	1.0	0.90	0.86	0.83	0.82	0.80
300	1.0	0.92	0.89	0.87	0.86	0.85

4.2.2　电缆安装用预埋件配合建筑工程的预埋安装

1. 电缆引入（或引出）管的敷设

电缆引入（或引出）管的敷设如图4-7和图4-8所示。

（1）电缆引入管敷设的标高通常在平面图所标注的进户位置的-0.8m处，**先明确引入电缆的根数和规格，并从加工好的电缆管（图4-9）中按编号取出电缆引入管**。通常电缆保护管的内径不应当小于电缆外径的2倍，电缆引入管的长度应当为墙厚、建筑物散水宽再加上300mm的总和。

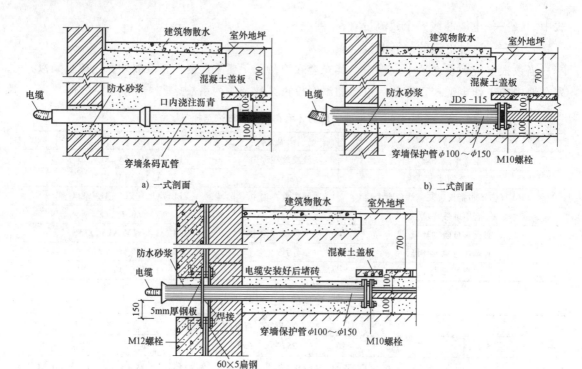

a) 一式剖面

b) 二式剖面

c) 三式剖面

图 4-7　电缆引入（或引出）管的敷设方式（剖面图）

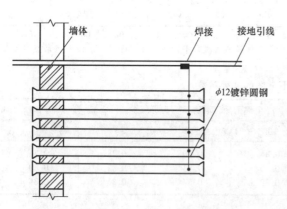

图 4-8　电缆引入（或引出）管的敷设平面图

图 4-9　电缆管实物图

（2）下管工艺方法及要求。基础或是墙砌到标高-0.8m 时，在已确定的电源进户管的位置上，由室外垂直基础或墙画一条直线，并按线刨一条深 0.8m 的沟，沟宽由管的根数而定，长度为散水宽加上 500mm 的总和；然后将电缆引入管置于沟内，多根时应当并排放置，墙内应出墙 100mm，且偏高一点，坡度为 2%；引入管落在基础或是墙的部分要用防水砂浆灌满，使其严实。

2. 电气竖井内电缆桥架的垂直安装

电气竖井内电缆桥架配合土建工程的垂直安装如图 4-10 和图 4-11 所示。

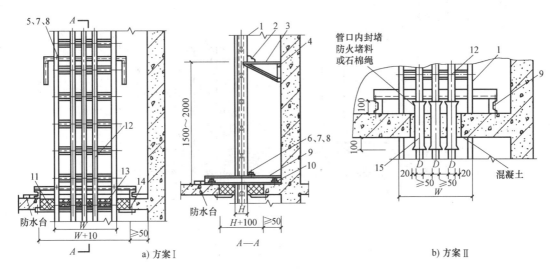

材料明细

编号	名称	型号及规格	单位	数量	
				Ⅰ	Ⅱ
1	电缆支架	按照工程图样			
2	支架	∟50×50×5	个	2	2
3	支架	∟50×50×5	个	2	2
4	膨胀螺栓	M10×80	套	4	4
5	固定螺栓	M8×35	个	4	4
6	螺栓	M8×40	个	4	4
7	螺母	M8	个	8	8
8	垫圈	8	个	8	8
9	槽钢支架	⊏10	根	2	2
10	膨胀螺栓	M10×80	套	4	4
11	防火隔板		块	1	
12	电缆		根	3	3
13	防火堵料				
14	固定角钢	∟40×40×4	m		
15	保护管	按照工程图样	根		3

注：a、b图中 H 表示电缆桥架、封闭式母线等高度，W 表示其宽度。

c) 实物图

图 4-10　电气竖井内电缆桥架的垂直安装（一）

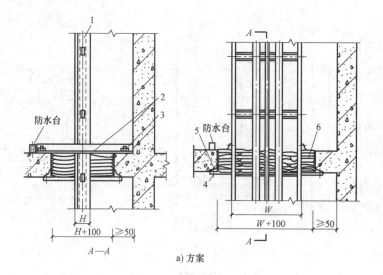

a) 方案

材料明细

编号	名称	型号及规格	单位	数量	备注
1	电缆桥架	按照工程设计图样	—	—	—
2	角钢支架	∟50×50×5	个	2	—
3	膨胀螺栓	M10×80	套	8	—
4	钢丝网	—	M²	—	—
5	固定角钢	∟40×40×4	m	—	预埋
6	防火材料	按照工程设计要求	—	—	—

注：1. 施工前将要封堵部位清理干净。

2. 钢丝网应刷防火涂料。

3. 防火材料应按顺序依次摆放整齐。防火材料与电缆之间空隙不大于 1cm²。

4. 电缆竖井摆放防火材料厚度不小于 24cm。

b) 实物图

图 4-11　电气竖井内电缆桥架的垂直安装（二）

3. 电缆桥架支架、托臂安装方式

电缆桥架支架、托臂配合土建工程的安装方法如图 4-12 和图 4-13 所示。

图 4-12 施工中的电缆支架及托臂

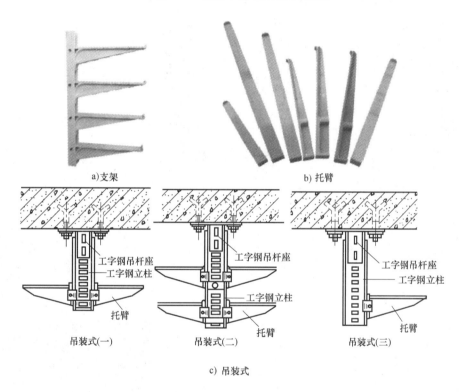

a)支架

b)托臂

c) 吊装式

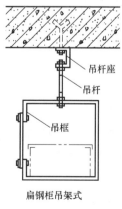
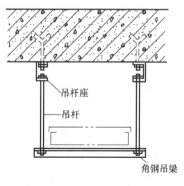
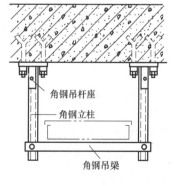

扁钢柜吊架式

圆钢吊架式

角钢吊架式

d) 吊架式

图 4-13 电缆支架、托臂的安装方法

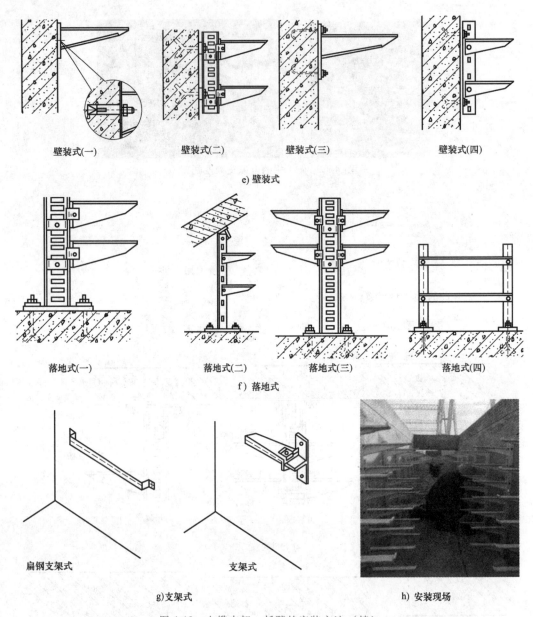

壁装式(一)　　　　壁装式(二)　　　　壁装式(三)　　　　壁装式(四)

e) 壁装式

落地式(一)　　　　落地式(二)　　　　落地式(三)　　　　落地式(四)

f) 落地式

扁钢支架式　　　　　　　　支架式

g)支架式　　　　　　　　　　　　　　　　h) 安装现场

图 4-13　电缆支架、托臂的安装方法（续）

4.2.3　电缆桥架的敷设施工

　　用电缆桥架敷设电缆具有走向灵活、施工简单、线路美观整齐的优点。电缆桥架不仅适用于室内，而且也适用于室外，如图 4-14 所示。由于电缆桥架的零部件通常都镀锌，因此电缆桥架可以用于轻腐蚀场所，而且在易爆环境中也可以应用。

　　电缆桥架的通常由立柱、托盘和梯架等组成（图 4-15），立柱间距通常为 2m，每米载荷为 125kg。目前，电缆桥架的所有零部件都设计成标准件，由专业化工厂生产，运到现场就能够安装使用。

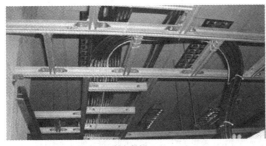

a) 室内敷设

b) 室外敷设

图 4-14 敷设在电缆桥架上的电缆

a) 托盘　　　　　b) 梯架　　　　　c) 盖板　　　　　d) 立柱

图 4-15 电缆桥架的组成

电缆桥架部件组合示意如图 4-16 所示，组装托盘如图 4-17 所示。

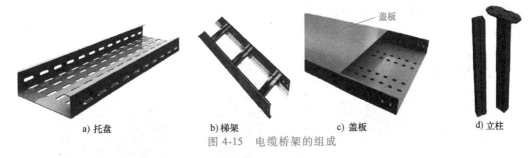

a) 梯形电缆桥架部件组合示意图

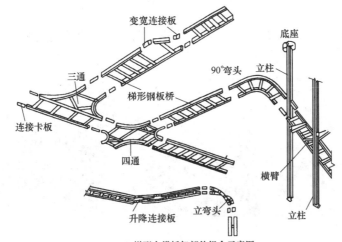

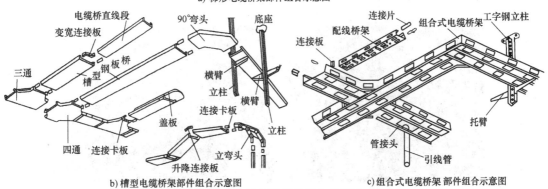

b) 槽型电缆桥架部件组合示意图　　　　c) 组合式电缆桥架 部件组合示意图

图 4-16 电缆桥架部件组合示意图

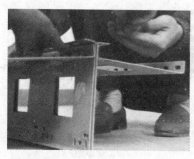

图 4-17　组装托盘

电缆桥架的固定常用膨胀螺栓，这种固定方法简单方便（图 4-18），省去了在土建施工时安装预埋件的工序。

图 4-18　紧固膨胀螺栓

用膨胀螺栓可以将电缆桥架的立柱、托臂、底座、吊架、引出管的底座等部件固定在混凝土构件上或砖墙（图 4-19、图 4-20）。

a) 组合立柱和托臂　　　　　　　　　　b) 固定立柱和托臂

图 4-19　立柱和托臂施工

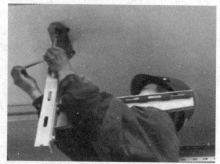

图 4-20　固定吊架

电缆桥架的组装固定如图 4-21 所示。

a) 组装桥架   b) 桥架伸缩缝用铜线连接

图 4-21　固定电缆桥架

电缆敷设如图 4-22 ~ 图 4-25 所示。

图 4-22　电缆敷线   图 4-23　留出接线余量

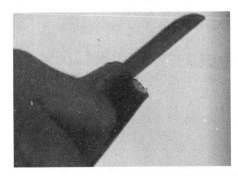

图 4-24　电缆接线

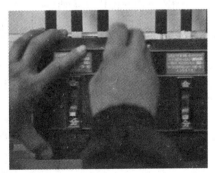

图 4-25　盖好面板

电缆在托盘上敷设时通常都是单层布置，用塑料卡带将电缆固定在托盘上，大型电缆可以用铁皮卡子固定。二层电缆桥架组如图4-26所示。

4.2.4 电缆的敷设施工

1. 电缆在竖井内的敷设施工

电缆在竖井内敷设时，应当先清理井内杂物，并检查预埋件、保护管有无缺陷。展放电缆时应当将电缆盘放于底层，从下往上牵引。上引电缆既要注意弯曲半径，也要在每层出口处用力提拉电缆，不能只在上层提拉牵引，使拉力过于集中，而损伤电缆，牵引布置可以参照图4-27。

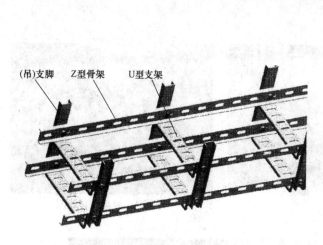

图 4-26 二层电缆桥架组

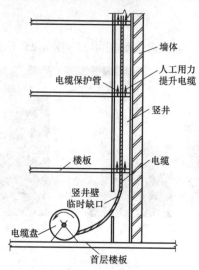

图 4-27 电缆在竖井内往上层敷设时的方法

在井内的排列、固定、间距等与电缆沟内的敷设基本相同，如图4-28所示。往地下层敷设时如图4-29所示。

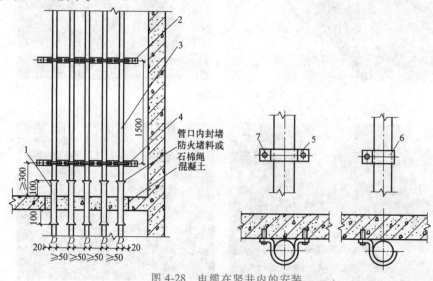

图 4-28 电缆在竖井内的安装

1—保护管 2—胀管螺栓 3—电缆 4—支架 5—管卡子 6—单边管卡 7—塑料胀管

2. 电缆沿建筑物的明敷设施工

在干燥、无腐蚀、不易受机械损伤的场所，可以将电缆直接沿建筑物明敷设。引入设备、穿越建筑物或楼板时必须加设保护管。电缆的固定可直接固定在墙上、顶板上，如图 4-30 所示。

电缆的展放通常应当采取人工牵引展放，在转角、穿越墙体、楼板处应有专人操作。明敷设电缆固定点的间距见表 4-7。

除了按表 4-7 中的距离设固定点外，电缆的两终端头、转角的两侧、进入接头匣处、与伸缩缝交叉的两侧等必须设点固定。

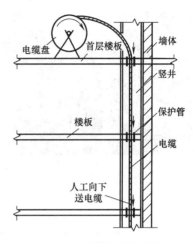

图 4-29　电缆在竖井内往下层敷设时的方法

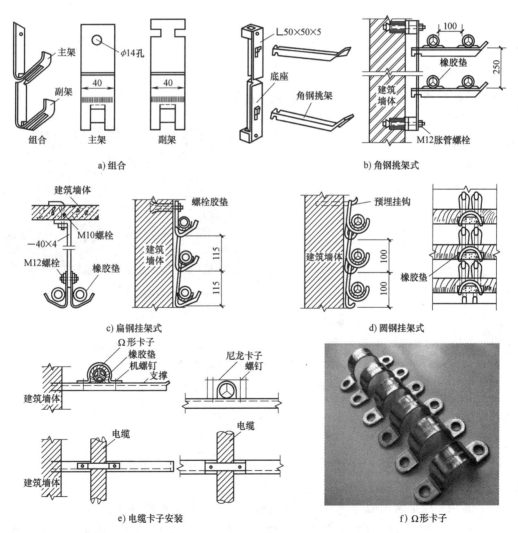

a) 组合　　　　　　　　　b) 角钢挑架式

c) 扁钢挂架式　　　　　　d) 圆钢挂架式

e) 电缆卡子安装　　　　　f) Ω形卡子

图 4-30　电缆沿建筑物明敷设固定方式

g) 电缆卡子安装

图 4-30　电缆沿建筑物明敷设固定方式（续）

表 4-7　明敷设电缆固定点间距　　　　　　　　　　　　（单位：mm）

电缆类别及敷设部位	水平敷设	垂直敷设
电力电缆	1000	1500
控制电缆	800	1000
墙上直接固定	1000～1500	1500～2000

3. 电缆沿线管的暗敷设施工

电缆沿线管的暗敷设施工如图 4-31 所示，施工规定如下：

（1）每根电缆应当单独穿入一根管内，交流单芯电缆不能单独穿入管内。

（2）裸铠装控制电缆不得与其他外护层的电缆穿入同一根管内。

（3）敷设在混凝土管、石棉水泥管内的电缆，最好是穿塑料护套电缆。

（4）管内敷设每隔 50m 应当设置检查井，井盖应铁制且高出地面，井内应有排水设施。

图 4-31　电缆沿线管的暗敷设施工

（5）长度在 30m 以下时，直线段管内径应不小于电缆外径的 2 倍；有一个弯曲时应不小于 2.5 倍；有两个弯曲时应不小于 3 倍。长度在 30m 以上时，直线段管内径应当不小于电缆外径的 3 倍。

（6）穿电缆的管应无积水、无杂物，最好用滑石粉作为助滑剂。

4.2.5　电缆头的室内安装

电缆头的室内安装通常有两种形式：一种为安装在柜内的电缆横梁上，另一种为安装在墙上或支架上。

（1）柜内安装通常用 Ω 形卡子固定在电缆横梁上，如图 4-32 所示。

（2）墙上安装通常用 Ω 形卡子固定在预埋件上，如图 4-33 所示。由地引上部分的 2m

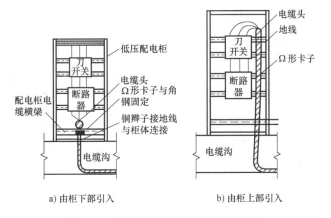

图 4-32 低压电缆头在低压柜内的安装

处应当安装钢管保护，电缆线芯应保持规定的对地距离。室内也有用保护管直接支撑电缆头的，如图 4-34 所示的高压电缆头直接接变压器。

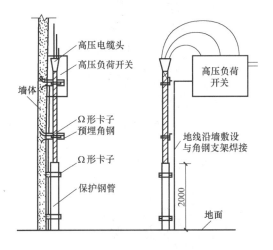

图 4-33 高压电缆头在墙上的安装

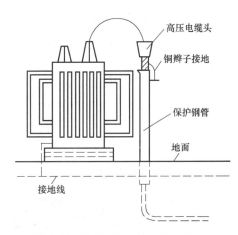

图 4-34 高压电缆头直接接变压器

4.2.6 电缆穿越建筑物时的防火措施

电缆穿越建筑物时的防火措施很多，主要使用一些耐热绝缘、阻燃防火的材料将孔洞部位严密封死，其工艺方法较为简单，如图 4-35 所示。

（1）电缆穿墙孔洞的阻火封堵方法，如图 4-36 所示。

（2）电缆穿越楼板孔洞的阻火封堵方法，如图 4-37 所示。

图 4-35 电缆竖井防火施工

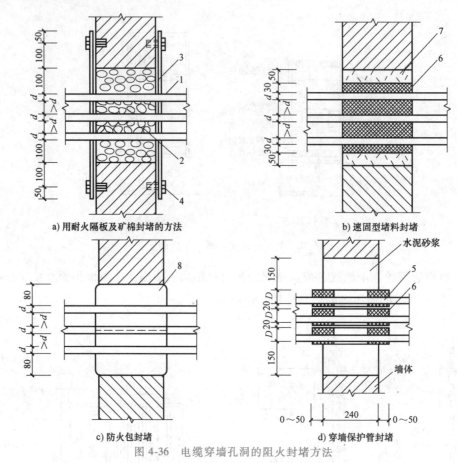

图 4-36　电缆穿墙孔洞的阻火封堵方法

1—电缆　2—矿棉　3—耐火隔板　4—膨胀螺栓　5—穿墙保护管　6—有机堵料　7—无机堵料　8—防火包

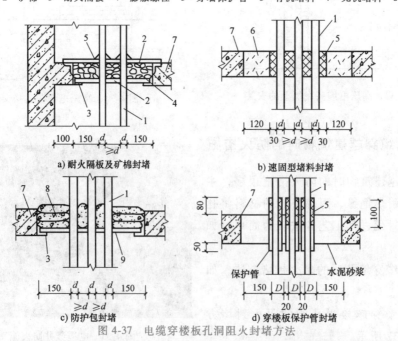

图 4-37　电缆穿楼板孔洞阻火封堵方法

1—电缆　2—耐火隔板　3—角钢　4—矿棉　5—有机堵料　6—无机堵料　7—楼板　8—防火包　9—阻火网

（3）电缆沟防火包阻火墙的方法，如图4-38所示。

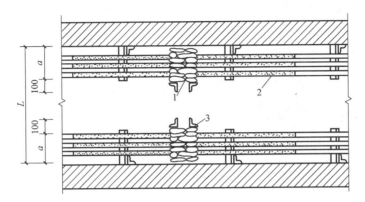

图4-38　电缆沟防火包阻火墙示意图

1—防火包　2—涂料　3—角钢立柱

（4）设置电缆夹层出入口阻火段的方法，如图4-39所示。

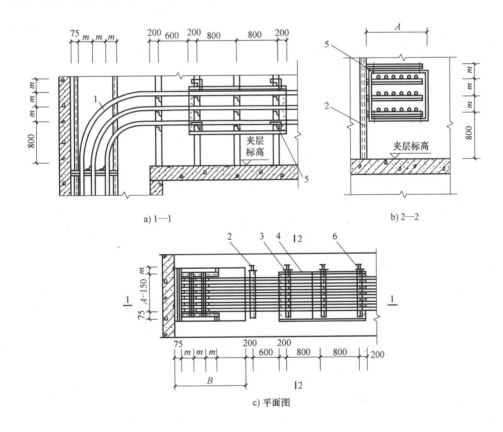

a) 1—1　　　　　　　　　　b) 2—2

c）平面图

图4-39　设置电缆夹层出入阻火段的方法

1—电缆　2—I字钢　3—角钢　4—耐火隔板　5—弯角螺栓　6—堵料

（5）电缆支架层间阻火分割的方法，如图4-40所示。

电缆穿越建筑物孔洞使用的防火阻燃材料的主要性能参数见表4-8。

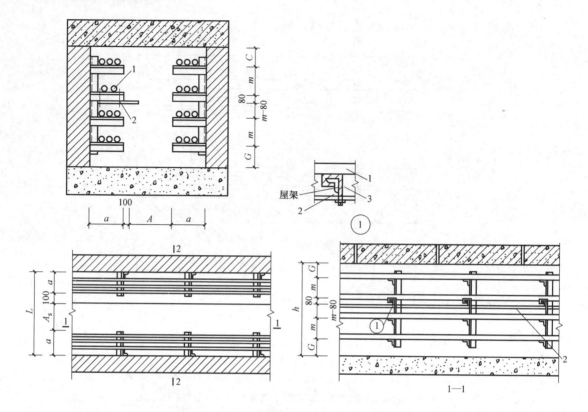

图 4-40 电缆支架层间阻火分割的方法

1—电缆 2—耐火隔板 3—弯角螺栓

表 4-8 防火阻燃材料主要性能参数

序号	名称	型号	主要性能
1	涂料	G60-3	遇火膨胀呈匀密蜂窝状,隔热耐水,耐油,具耐候性,不龟裂 氧指数大于或等于60 耐火极限为20min 干燥时间:表干小于1h,实干小于或等于8h 每隔8h涂一次,达到厚度0.8~1.2mm时,相当涂刷量2~3kg/m²
2	堵料	SFD-Ⅱ	固化时间小于10 min,耐水,耐油,无毒,无味 氧指数为100 密度是(1.3±0.05)×10³kg/m³ 最高火焰温度为1090℃ 耐火极限大于或等于180min
3	堵料	DFD-Ⅲ	具有长期柔软性,耐水,耐酸,耐油,耐碱 氧指数大于或等于75 耐火极限大于或等于180min 密度(20℃)为(1.7±0.2)×10³kg/m³
4	堵料	PFD-Ⅰ	遇火快速膨胀,氧指数大于70 耐火极限大于210min 膨胀倍数大于20 烟密度 MSP 小于50% 针入度(固化前)(50g,5s)为25~40,针入度(固化后)(50g,5s)为3~8 体积密度为(1.3~1.55)×10³kg/m³

（续）

序号	名称	型号	主要性能	
5	改性、柔性防火腻子	PF-Ⅰ	耐水,耐油,耐酸,柔性 氧指数大于 50	
6	轻型耐火隔板	EF-A1000×600	用于承受外力的孔洞贯穿封堵	耐水、耐油、轻质 氧指数大于或等于 40 耐火极限大于或等于 30min
		EF-B800×400 EF-B150×400	用于小形孔洞封堵	
		EF-C2000×450 EF-C2000×500 EF-C2000×600	用于电缆层间隔板	
7	防火包带	PXFD-90-1	遇火膨胀 厚 0.5mm,耐寒 氧指数大于或等于 50 耐油、耐水、耐酸碱、耐盐	
8	阻火网	ZHW-0.5-5×12.5	耐油、耐水、耐老化 网孔遇火封闭时间小于或等于 2min 耐火极限大于或等于 60min	
9	防火包	ZHW-0.8-10×25	不燃、无毒、无味、耐油、耐水、施工容易、可重复使用 扩张率为 20~40 耐火极限大于或等于 120min	

4.2.7 电缆施工线路的竣工验收

电缆线路施工完毕后，应进行以下各项质量验收：

（1）电缆每根芯线必须具备良好的连续性，不应存在断线等情况。测量芯线对地和线间的绝缘电阻，其阻值不得低于规定值。当电缆长度为 500m 时，3kV 及以下的，其绝缘电阻值为 200MΩ；6~10kV 的，其绝缘电阻值为 400MΩ。当电缆长度超过 500m 时，绝缘电阻应当按实际长度等进行换算，短于 500m 时，一般无需换算。

（2）测量电容、交直流电阻及阻抗，其数值均应当符合设计标准。检查电缆终端的各线头的相序排列，其应当与电力系统的相序保持一致。

（3）电缆规格应当符合规定：电缆规格一般按设计订货，但因供货不足或其他原因不能满足要求时，现场也有"以大代小"或用其他形式代替的，此时一定要以设计修改通知单作为依据，否则不能验收；电缆应当排列整齐，无机械损伤；电缆标示牌应装设齐全、正确、清晰。标示牌的材料、内容等在装设时，名目不一，内容各异，花样很多。为统一起见，在验收时，应当符合规范要求，且不允许错装、漏装。电缆的固定、弯曲半径、有关距离和单芯电力电缆的金属护层的接线等应符合要求。

（4）电缆终端、电缆接头及充油电缆的供油系统应安装牢固，不应当有渗漏现象。充油电缆的渗漏检测靠油压表指示，所以油压表一定要完好并经校验符合设计。电缆终端的相色应正确，电缆支架等的金属部件防腐层应完好。电缆接地应良好，充油电缆及护层保护器的接地电阻应符合设计要求。

（5）为确保电缆线路的安全运行，其附属设施（如电缆沟盖板）应齐全，电缆沟和电缆隧道内无杂物障碍、积水，照明线路及灯具齐全完好，通风、排水等设施应当符合设计要求，通风机运转良好、风道畅通。

（6）直埋电缆路径标志，应与实际路径相符。路径标志应清晰、牢固，间距适当。在直埋电缆直线段每隔50~100m处、电缆接头处、转弯处、进入建筑物等处，都应当有明显的方位标志或标桩。

（7）防火措施中，阻燃电缆的选型、防火包带的绕包和涂料的类型应当符合设计及施工工艺要求，封堵应严实可靠。

4.2.8 电缆线路的维护与检修

1. 电缆线路的维护

（1）电缆沟的维护

1）检查电缆沟的出入通道是否畅通，沟内如有积水应当加以排除，并查明积水原因，采取堵漏措施，发现沟内脏污应当加以清扫。

2）检查电缆沟内的防火及通风设备是否完善正常，并记录沟内温度。

3）检查电缆及终端盒的接头是否漏胶和漏油，接地是否良好。

4）检查电缆在支架上有无擦伤，检查支架有无脱落及锈烂。

（2）户内外电缆及终端头的维护

1）检查终端盒内有无积水、空隙或裂缝现象。

2）检查终端头有无漏胶现象，如发现漏胶，应当立即用沥青封口。绝缘胶不满时，应当用同样的胶填满。测定接地电阻和绝缘电阻是否符合要求。

3）检查有无电晕放电痕迹并清扫电缆终端头，检查电缆的标示牌是否完整。

（3）电缆线路的防火措施

1）确保施工质量，特别是电缆头的制作质量一定要严格符合规定要求。

2）加强电缆运行监视，避免电缆过负荷运行。

3）按期进行电缆测试，发现不正常时及时处理。

4）电缆沟、隧道要保持干燥，防止电缆浸水，造成绝缘下降，引起短路。

5）定期清扫电缆上所积煤粉，防止煤粉自燃而引起电缆着火。

6）加强电缆回路开关及保护的定期校验维护，确保其动作可靠。

7）电缆敷设时要保持其与供热管路有足够距离：控制电缆不小于0.5m，动力电缆不小于1m。控制电缆与动力电缆应当分槽、分层并分开布置，不能层间重叠放置。对不符合规定的部位，电缆应采取阻燃、隔热措施。

8）安装火灾报警装置，及时发现火情，防止电缆着火。

9）采取防火阻燃措施。有关电缆的防火阻燃措施如下：

① 将电缆用绝缘耐燃物封包起来。当电缆外部着火时，封包体内的电缆被绝热耐燃物

隔离可以免遭烧毁。如果电缆自身着火，因封包体内缺少氧气可使火自熄，并避免火势蔓延到封包外。

② 将电缆穿过墙壁、盘底、竖井的孔洞用耐火材料堵严密，防止电缆着火时高温烟气扩散和蔓延，从而造成火灾面积扩大。

③ 在电缆表面涂刷防火涂料。

2. 电缆线路的常见故障及排除

（1）如果电缆遭受机械损伤，最主要的原因是受到外力破坏或是安装不慎以及不可违抗的自然破坏等，遇到这种情况，就要采取妥善的修缮措施。

（2）如果电缆的绝缘受潮，可能的原因包括：

1）接头盒、终端盒密封不严。应当割去受潮段电缆，重新安装中间接头盒或是终端盒。

2）制造不良或外物刺穿，护套有小孔或裂纹。应当检查导体中有无水分，采取相应干燥处理措施。

（3）如果出现终端头浸水爆炸的事故，应当加强维护，做好防积水措施。

（4）如果发现电缆出现了短路或断路事故，最主要的原因是遭受到了外界机械损伤。

（5）如果发现电缆中间接头发生爆炸，可能的原因包括：

1）电缆过负荷引起接头盒内绝缘胶膨胀。

2）导体本身连接不良。

3）封铅漏水。

4.3 室内线路施工

4.3.1 管内穿线

1. 准备工作

（1）检查所有预埋管路进柜、进箱、进盒或是进电缆一端是否已接地良好或已和箱盒焊接可靠，是否已做成喇叭口状且毛刺已修整；多根管路并列时，是否整齐、垂直；否则应当补焊或修复。出地坪的管修整时可用气焊火焰将管烤红，然后用另一根直径稍大的管套入管口搬正即可。

（2）检查管路到设备一端的标高是否适合设备高度，设备接线盒的位置和管路出线口位置是否一致；管口是否已套螺纹，边缘的毛刺是否已锉光滑，管口是否已焊接好接地螺钉等，如否则应当修复或补焊，管口没套螺纹的应当将其烤打成喇叭口状。

（3）用接地绝缘电阻表测量管路的接地电阻，其值应当小于或等于 4Ω，否则要找出原因修复。一般逐一检查焊点和连触点是否可靠或漏焊，即可找出故障点。

（4）将管口的包扎物取掉，用高压空气吹除管内的异物杂土，一般用小型空压机，吹除时要前后呼应，避免发生事故。凡吹不通者多是硬物堵塞，要修复。修复管路堵塞是一项细致耐心的工作，不要急于求成。管径较大者可以用管道疏通机，管径较小者可以用刚性较大的硬钢丝从管的两端分别穿入，硬钢丝顶部做成尖状，当穿不动时即为堵塞点，然后往复抽动钢丝，逐渐将堵塞物捣碎，最后再吹除干净。明敷管路可以将堵塞处锯断，取出堵塞物，然后用一接线盒将锯削处填补整齐。

（5）按照图样核对管径、线径、导线型号及根数，根据管路的长度加上两端接线的余量确定导线的长度。接线余量通常不超过 2m，一般是用米绳从管口到接线点实际测量，或将线放开用线实测，避免浪费。

（6）整盘导线的撒开最好使用放线架，如果没有放线架应当顺缠绕的反方向转动线盘，另一人拉着首端撒开，如图 4-41 所示。切不可用手一圈一圈地撒开，严禁导线打扭或成麻花状。在撒开时要检查导线的质量。

（7）撒开后的导线必须伸直，否则妨碍穿线。伸直的方法很多，一般是两人分别将导线的两端拽住，在干净平整的地面上，一起将导线撑起再向地面摔打，边摔边撑，使其伸直。细导线可三根或几根一块伸直，粗导线则应当一根一根分别伸直。也可以将一端固定在一物体上，一人从另端用上述方法伸直。

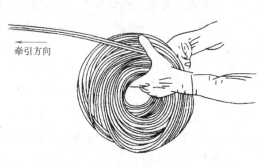

牵引方向

图 4-41　人工放线

（8）准备好滑石粉和穿带线用的不同规格的钢丝。带线通常用直径 2~3mm 的刚性钢丝，粗导线、距离长时，则用镀锌钢丝。

在穿线前，必须将管子需要动火的修复焊接工作做完，穿线后严禁在管子上焊接烘烤，否则会损坏导线的绝缘层。所用的导线、线鼻子、绝缘材料、辅助材料必须是合格品，导线要有生产厂家的合格证。

2. 穿带线

根据管径、线径大小，选择合适的刚性钢丝作为带线，如图 4-42 所示。每根管应有两根带线，一根为主带线，长度应大于整个管路的全长；另一根为辅助带线，长度大于 1/2 管路全长。把主带线的一端折成半圆环状小钩，直径视带线粗细而定，通常为 10~20mm；辅助带线也折同样一个小钩，并将其折 90°，钩端为顺时针方向，如图 4-43 所示。先将主带线从管的一端穿入，穿入的长度至少为 1/2 管路全长。穿时应当握着管口部分导线的 100mm 左右往里送，特别是越穿越困难的时候。当穿不动时，可以将带线稍拉出一些再往里送，直到实在送不动为止。一般情况下能穿入 1/2 管路全长。如果穿不到 1/2 管路全长，则将主带线全部拉出，从管的另一端穿入，直到大于 1/2 管路全长。然后将辅助带线从另一端管口送入，直到大于 1/2 管路全长为止。这时将辅助带线留在管口外的部分按顺时针转动，使其在管内部分也顺时针转动。当转动到手感觉吃力时，即可轻轻向外拉辅助带线，如果此时主带线也慢慢移动，则说明两个小钩已经挂在一起，即可以将主带线从管口另一端拉出；如果这时主带线不动，则说明两个小钩没有钩在一起，应当重新穿入辅助带线，直至两个小钩挂在一起，拉出主带线为止。一般情况下，按照上述方法可顺利穿入主带线，主要是耐心和带线的刚性。

图 4-42　穿带线

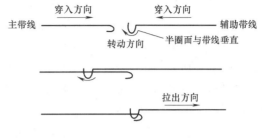

图 4-43　带线的穿入方法

还有一种机械穿线法，就是用穿线枪，使用方法极为简单。先将柔性活塞装入枪膛，系好尼龙绳和活塞，并对着管口，管的另一端用管堵堵好，将空压机贮气罐和枪腔进气口用高压输气管接好，检查无误后，开动气泵，达到压力后扣动穿线枪的扳机，即可以将尼龙绳穿入管内。细导线可以用尼龙绳直接牵引穿入，粗导线可用其将带线引入。柔性活塞可以按管径选择，共有 7 个规格，管堵头有 3 个规格。在使用穿线枪时要注意安全，枪体要由专人保管。

3. 穿线

（1）将伸直的导线一端的绝缘层剥掉。剥掉长度：粗导线约为 300mm，细导线约为 100mm，中截面导线约为 200mm。剥掉方法是：用电工刀在预定长度处划一个圆周，再将其他部分削掉，但不得伤及线芯。导线不同的剥切方式剥掉后的样式如图 4-44 所示。

a) 单层剥法　　　　　　b) 分段剥法　　　　　　c) 斜剥法

图 4-44　导线不同的剥切方式剥掉后的样式

（2）把剥掉绝缘层的三根或是几根要穿同一管的导线对齐，细导线（独股导线）可以将端部线芯折回，直接用带线绑扎，如图 4-45a 所示；粗导线（一般是多股导线）可以将每根线芯的少部分折回，其余剪断直接用带线或用绑线绑扎，如图 4-45b 所示。绑扎时要紧密有力，但要求体积小易穿过。绑扎部分宜为圆锥形，其最大部分的直径不得超过管径的2/3，否则将给穿线带来很大困难。

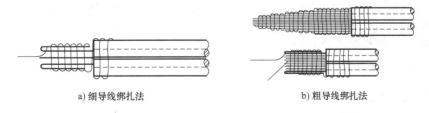

a) 细导线绑扎法　　　　　　b) 粗导线绑扎法

图 4-45　导线的绑扎方法

（3）在绑扎好的端头部分涂些滑石粉，粗导线或根数多时还应在导线上或管口内涂些滑石粉。然后一人在管的一端拉带线（图 4-46），另一人在管的另一端轻轻地将绑扎好的端头送入管口（图4-47），两人的位置要便于操作，同时应步调一致，一送一拉即可顺利地将导线穿过。送线的人要保证三根或几根导线同时穿入时不扭不折，拉线的人用力要均匀，不得过猛。遇到阻力拉不动时，应将穿入的导线退回几十厘米，再配合一拉一送，直至将导线拉出管口。在必要时可以由第三人帮助将送入的导线理顺，使其不扭不折。粗导线穿线时也可由另一人帮助拉线。当双方都感到十分费力时，不得强行拉送，以免带线拉断，这时应将导线缓慢倒出来，检查导线和端头部分，将阻卡或较粗的部分修复，必要时应当重新绑扎，然后再送入管内，直至穿过。仔细观察拉出端导线有无损伤绝缘，有无泥水污物。严重时应将导线抽出，彻底吹除或用金属刷子扫管，排除故障后重新穿线。

图4-46 管口拉线

图4-47 管口送线

（4）将绑扎的端头拆开，两端按接线长度加预留长度与设备接线盒比好（图4-48），将多余部分的线剪掉（在穿线时，一般情况下是先穿线，后剪断，这样可节约导线），如图4-49所示。然后用兆欧表测量导线的线与线之间和导线与管（地）之间的绝缘电阻，其值应当大于1MΩ。当绝缘电阻低于0.5MΩ时应当查出原因，重新穿线。

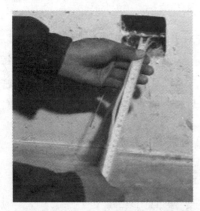

图4-48 预留导线

图4-49 减掉多余导线

（5）管内穿线的技术要求

1）穿入管内绝缘导线的额定电压不应低于500V；管内导线不得有接头和扭结，不得有因导线绝缘性能不好而增加的绝缘层。

2）不同回路、不同电压、交流与直流的导线，不得穿入同一根管子内。但下述几种情况例外：电压为50V及以下的回路；同一台设备的电动机回路和无抗干扰要求的控制回路；

同一交流回路的导线必须穿于同一钢管内；照明花灯的所有回路、同类照明的几个回路可穿入同一根管内，但管内导线总数不应当多于8根。

3）管内导线的总面积（包括外护层）不应当超过管子内截面面积的40%。

4）穿于垂直管路中的导线每超过下列长度时，应当在管口处或接线盒中将导线固定，以防下坠：导线截面面积50m^{2}及以下为30m；导线截面面积70~95mm^{2}为20m；导线截面面积120~240mm^{2}为18m。

5）导线穿入钢管后，在导线的出口处，应当装护线套保护导线，如图4-50所示；在不进入箱、盒内的垂直管口，穿入导线后，应将管口做密封处理。

图 4-50　装护线套

6）管内穿线导线线芯允许最小截面面积应当符合表4-9的规定。

表 4-9　管内穿线导线线芯允许最小截面面积

敷设方式及用途			线芯最小截面面积/mm^2		
			铜芯软线	铜线	铝线
敷设在室内绝缘支持件上的裸导线				2.5	4
敷设在绝缘支持件上的绝缘导线其支持点间距 L/m	L≤1	室内		1.0	2.5
		室外		1.5	2.5
	1<L≤2	室内		1.0	2.5
		室外		1.5	2.5
	2<L≤6			2.5	4
	6<L≤12			2.5	6
穿管敷设的绝缘导线			1.0	1.0	2.5
槽板内敷设的绝缘导线				1.0	2.5
塑料护套线敷设				1.0	2.5

4. 管口处理

（1）用黄绿红三种塑料带或塑料管将管口的导线包扎或套入。包扎时要紧密整洁，包扎和套入的深度应为进入管口150mm左右。因此一般是将导线先拉出150mm，包扎或套入后再拉进去，主要是加强管口部分的绝缘层。端头应当预留50mm，以便和设备连接。包扎的方法是：每一圈压住前一圈宽度的1/2，最后收尾时用同色塑料胶布包好，也可以用热粘法粘住，即可用烧红的锯条将尾端烫熔，然后用力压住即可粘接得很好。使用塑料线时可不包扎，直接按下述（2）进行。

（2）在套有螺纹的管口，先将防水弯头底座穿入导线，在管口拧紧，方向应当朝向设备，再将电线塞套入导线，推在管口的底座处，最后把盖装上，用螺钉固定好，如图4-51

所示。

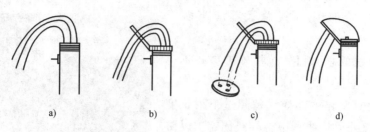

图 4-51 防水弯头安装示意图

在喇叭口的管口，先用棉丝或牛皮纸将管口堵死，将包好绝缘带的导线一并放在管口的正中，然后用塑料带从管口下部 2cm 处开始向上缠绕包扎，使管口形成一个蒜疙瘩形状。一般应当至少从下至上，从上至下包扎四次，包扎必须严密，防止水滴滴入，如图 4-52 所示。

照明线路一般直接进入接线盒，不必处理，凡不直接进入接线盒的管口应按上述（1）和（2）进行处理。

4.3.2　室内导线连接及绝缘恢复

导线连接是建筑电工的一项基本的且重要的操作技能。连接质量直接影响线路能否安全可靠地长期运行。良好的绝缘更是确保安全的前提。

1. 导线连接的基本要求

导线长度不够或是需要分接支路时，需要将导线与导线连接。在去除了线头的绝缘层后，就可以进行导线的连接。导线的接头是线路的薄弱环节，导线的连接质量关系着线路和电气设备运行的可靠性和安全程度。

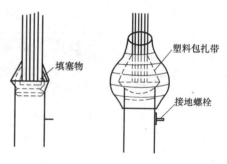

图 4-52　喇叭口的包扎方法

导线连接的基本要求是：连接牢固可靠、接头电阻小、机械强度高、耐腐蚀耐氧化、电气绝缘性能好。

2. 常用连接方法

针对不同种类的导线会有不同的连接形式，其连接的方法也不同。常见的连接方法有绞合连接、紧压连接、焊接等。连接前应当剥除导线连接部位的绝缘层，注意不要损伤线芯。

（1）绝缘层的剖削。导线线头绝缘层的剖削是导线加工的第一步，是为以后导线的连接做准备。建筑电工必须学会用电工刀、钢丝钳或剥线钳来剖削绝缘层。

1）用钢丝钳剖削塑料硬线绝缘层。线芯截面面积为 $4mm^2$ 及以下的塑料硬线，其绝缘层通常用钢丝钳进行剖削，剖削方法如下：

① 用左手捏住导线，在需剖削线头处，用钢丝钳刀口轻轻切破绝缘层，但不可以切伤线芯。

② 用左手拉紧导线，右手握住钢丝钳头部用力向外勒去塑料层，如图 4-53 所示。在勒

去塑料层时，不可在钢丝钳刀口处加剪切力，否则会切伤线芯。剖削出的线芯应当保持完整无损。如有损伤，应重新剖削。

2）用电工刀剖削塑料硬线绝缘层。线芯截面面积大于 4mm² 的塑料硬线，其绝缘层可以用电工刀来剖削，方法如下：

① 在需剖削线头处，用电工刀以 45° 角倾斜切入塑料绝缘层，注意刀口不能伤着线芯，如图 4-54a 所示。

图 4-53 钢丝钳剖削绝缘层

② 刀面与导线间的夹角保持在 25° 左右，用刀向线端推削，只削去上面一层塑料绝缘，不可切入线芯，如图 4-54b 所示。

③ 将余下的线头绝缘层向后扳翻，将该绝缘层剥离线芯，如图 4-54c 所示，再用电工刀切齐。

a) 刀以45°角倾斜切入　　b) 刀以25°角倾斜剥削　　c) 切下余下的塑料层

图 4-54 电工刀剖削绝缘层

3）塑料软线绝缘层的剖削。塑料软线绝缘层用剥线钳或钢丝钳剖削，剖削方法与用钢丝钳剖削塑料硬线绝缘层方法相同。不可以用电工刀剖削，这是因为塑料软线由多股铜丝组成，用电工刀容易损伤线芯。

4）塑料护套线绝缘层的剖削。塑料护套线具有两层绝缘：护套层和每根线芯的绝缘层。塑料护套线绝缘层用电工刀剖削，方法如下：

① 护套层的剖削。按线头所需长度处，用电工刀刀尖对准护套线中间线芯缝隙处划开护套线，如图 4-55a 所示。如偏离线芯缝隙处，电工刀可能会划伤线芯。然后向后扳翻护套层，用电工刀将它齐根切去，如图 4-55b 所示。

② 内部绝缘层的剖削。在距离护套层 5~10mm 处，用电工刀以 45° 角倾斜切入绝缘层，其剖削方法与塑料硬线剖削方法相同。

a) 用刀尖在线芯缝隙处划开护套层　　b) 扳翻护套层并齐根切去

图 4-55 塑料护套线护套层剖削

5）橡皮线绝缘层的剖削。在橡皮线绝缘层外还有一层纤维编织保护层，其剖削方法如下：

① 把橡皮线纤维编织保护层用电工刀尖划开，将其扳翻后齐根切去，剖削方法与剖削

护套线的护套层方法类同。

② 用剖削塑料线绝缘层的方法削去橡胶层。

③ 最后将松散棉纱层用电工刀从根部切去。

6）花线绝缘层的剖削

① 用电工刀在线头所需长度处将棉纱织物保护层四周割切一圈后将其拉去。

② 在距离棉纱织物保护层 10mm 处，用钢丝钳按照剖削塑料软线的方法勒去橡胶层。

（2）绞合连接。绞合连接指将需要连接导线的芯线直接紧密绞合在一起。铜导线常用绞合连接。

1）单股铜导线的直接连接。小截面单股铜导线连接方法如图 4-56 所示：先将两导线的芯线线头做 X 形交叉，再将它们相互缠绕 2~3 圈后扳直两线头，然后将每个线头在另一芯线上紧贴密绕 5~6 圈，随后剪去多余线头即可。

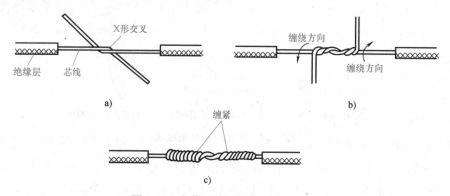

图 4-56　小截面单股铜导线连接方法

大截面单股铜导线连接方法如图 4-57 所示：先在两导线的芯线重叠处填入一根相同直径的芯线，再用一根截面面积约为 $1.5mm^2$ 的裸铜线在其上紧密缠绕，缠绕长度是导线直径的 10 倍左右，然后将被连接导线的芯线线头分别折回，再将两端的缠绕裸铜线继续缠绕 5~6圈，随后剪去多余线头即可。

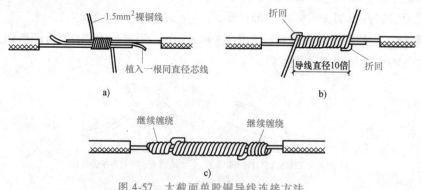

图 4-57　大截面单股铜导线连接方法

不同截面单股铜导线连接方法如图 4-58 所示：先将细导线的芯线在粗导线的芯线上紧密缠绕 5~6 圈，然后将粗导线芯线的线头折回紧压在缠绕层上，再用细导线芯线在其上继续缠绕 3~4 圈，随后剪去多余线头即可。

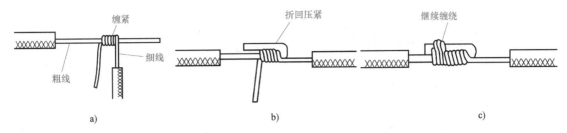

图 4-58 不同截面单股铜导线连接方法

2）单股铜导线的分支连接。单股铜导线的 T 字分支连接如图 4-59a 所示，将支路芯线的线头紧密缠绕在干路芯线上 5~8 圈后剪去多余线头即可。对于较小截面的芯线，可以先将支路芯线的线头在干路芯线上打一个环绕结（图 4-59b），再紧密缠绕 5~8 圈后剪去多余线头。

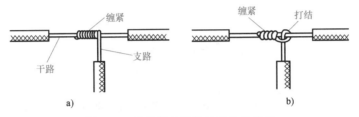

图 4-59 单股铜导线的 T 字分支连接

单股铜导线的十字分支连接如图 4-60 所示，将上下支路芯线的线头紧密缠绕在干路芯线上 5~8 圈后剪去多余线头即可。可将上下支路芯线的线头向一个方向缠绕，如图 4-60a 所示，也可以向左右两个方向缠绕，如图 4-60b 所示。

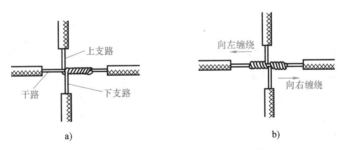

图 4-60 单股铜导线的十字分支连接

3）多股铜导线的直接连接。多股铜导线的直接连接如图 4-61 所示：首先将剥去绝缘层的多股芯线拉直，将其靠近绝缘层的约 1/3 芯线绞合拧紧，而将其余 2/3 芯线成伞状散开，另一根需要连接的导线芯线也如此处理；接着将两伞状芯线相对着互相插入后捏平芯线，然后将每一边的芯线线头分作 3 组，先将某一边的第 1 组线头翘起并紧密缠绕在芯线上，再将第 2 组线头翘起并紧密缠绕在芯线上，最后将第 3 组线头翘起并紧密缠绕在芯线上；以同样方式缠绕另一边的线头。

4）多股铜导线的分支连接。多股铜导线的 T 字分支连接有两种方法，一种方法如图 4-62所示，将支路芯线 90°折弯后与干路芯线并行（图 4-62a），然后将线头折回并紧密缠绕在芯线上（图 4-62b）。

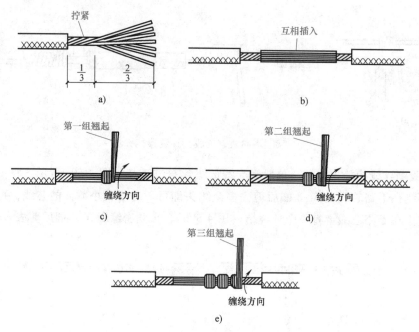

图 4-61 多股铜导线的直接连接示意图

另一种方法如图 4-63 所示：将支路芯线靠近绝缘层的约 1/8 芯线绞合拧紧，其余 7/8 芯线分为两组（图 4-63a），一组插入干路芯线当中，另一组放在干路芯线前面，并朝右边按图 4-63b 所示方向缠绕 4~5 圈，再将插入干路芯线当中的那一组朝左边按图 4-63c 所示方向缠绕 4~5 圈，连接好的导线如图 4-63d 所示。

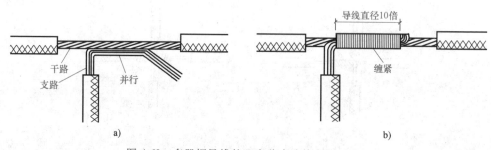

图 4-62 多股铜导线的 T 字分支连接方法（一）

5）单股铜导线与多股铜导线的连接。单股铜导线与多股铜导线的连接方法如图 4-64 所示：先将多股导线的芯线绞合拧紧成单股状，再将其紧密缠绕在单股导线的芯线上 5~8 圈，最后将单股芯线线头折回并压紧在缠绕部位。

6）同一方向的导线的连接。当需要连接的导线来自同一方向时，可采用图 4-65 所示的方法。对于单股导线，可以将一根导线的芯线紧密缠绕在其他导线的芯线上（图 4-65a），再将其他芯线的线头折回压紧即可（图 4-65b）。对于多股导线，可以将两根导线的芯线互相交叉（图 4-65c），然后绞合拧紧即可（图 4-65d）。对于单股导线与多股导线的连接，可将多股导线的芯线紧密缠绕在单股导线的芯线上（图 4-65e），再将单股芯线的线头折回压紧即可（图 4-65f）。

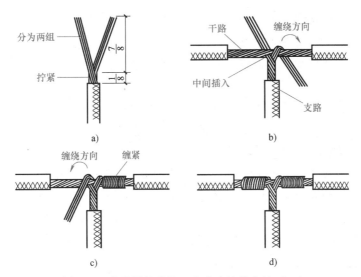

图 4-63　多股铜导线的 T 字分支连接方法（二）

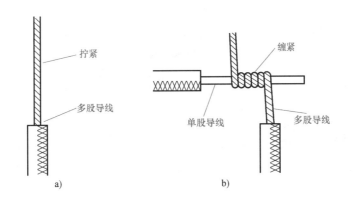

图 4-64　单股铜导线与多股铜导线的连接方法

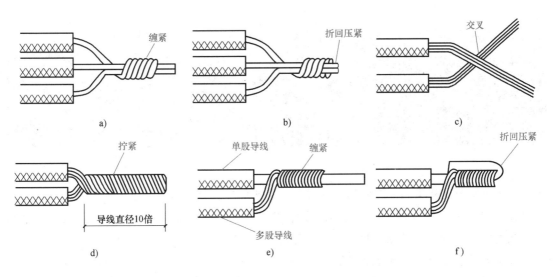

图 4-65　同一方向的导线的连接方法

3. 导线连接处的绝缘处理

为了进行连接，导线连接处的绝缘层已被去除，导线连接完成之后，必须对所有绝缘层已被去除的部位进行绝缘处理，以恢复导线的绝缘性能。恢复后的绝缘强度应当不低于导线原有的绝缘强度。

导线连接处的绝缘处理通常是采用绝缘胶带进行缠裹包扎。通常电工常用的绝缘胶带有黄蜡带、涤纶薄膜带、黑胶布带、塑料胶带、橡胶胶带等。绝缘胶带的宽度常用 20mm 规格的，这样包缠较为方便。

（1）一般导线接头的绝缘处理。一字形连接的导线接头可按图 4-66 所示方式进行绝缘处理。先包缠一层黄蜡带，再包缠一层黑胶布带。将黄蜡带从接头左边绝缘完好的绝缘层上开始包缠，包缠两圈后进入剥除了绝缘层的芯线部分（图 4-66a）。包缠时黄蜡带应与导线成 55° 左右倾斜角，每圈压叠带宽的 1/2（图 4-66b），直到包缠到接头右边两圈距离的完好绝缘层处。然后将黑胶布带接在黄蜡带的尾端，按另一斜叠方向从右向左包缠（图 4-66c、d），仍每圈压叠带宽的 1/2，直至将黄蜡带完全包缠住。包缠处理中应用力拉紧胶带，注意不可稀疏，更不能露出芯线，以确保绝缘质量和用电安全。对于 220V 线路，也可以不用黄蜡带，只用黑胶布带或塑料胶带包缠两层。在潮湿场所应使用聚氯乙烯绝缘胶带或涤纶绝缘胶带。现实中一般导线接头的绝缘处理如图 4-67 所示。

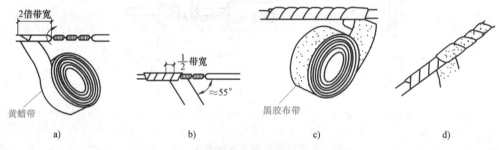

图 4-66　绝缘处理

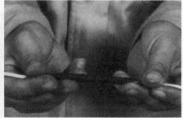

图 4-67　一般导线接头的绝缘处理

（2）T 字分支接头的绝缘处理。导线分支接头的绝缘处理基本方法同上，T 字分支接头的包缠方向如图 4-68 所示，走一个 T 字形的来回，使每根导线上都包缠两层绝缘胶带，每根导线均应包缠到完好绝缘层的两倍胶带宽度处。

（3）十字分支接头的绝缘处理。对导线的十字分支接头进行绝缘处理时，包缠方向如图 4-69 所示，走一个十字形的来回，使每根导线上都包缠两层绝缘胶带，每根导线也均应包缠到完好绝缘层的两倍胶带宽度处。

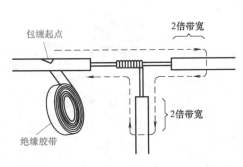

图 4-68 T 字分支接头的绝缘处理

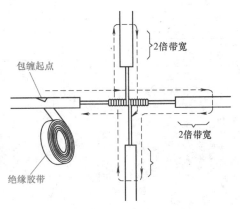

图 4-69 十字分支接头的绝缘处理

（4）恢复绝缘时的注意事项

1）电压为 380V 的线路恢复绝缘时，可先用黄蜡带用斜叠法紧缠两层，再用黑胶布带缠绕 1~2 层。

2）包缠绝缘带时，不能过疏，更不允许露出线芯，以免造成事故。

3）包缠时绝缘带要拉紧，要包缠紧密、坚实，并粘在一起，以免潮气侵入。

 本章小结及综述

　　本章主要讲述了建筑电气工程供配电线路施工方法，包括架空线路的安装，电缆安装用预埋件配合建筑工程的预埋安装，电缆桥架的敷设，电缆的敷设施工，电缆头的室内安装，电缆穿越建筑物时的防火措施，电缆线路的竣工验收和维护检修，管内穿线的施工，室内导线的连接方法和绝缘恢复方法。

　　架空线路主要由电杆、横担、绝缘子、导线以及接闪线（架空地线）、拉线等组成，建筑电工要掌握架空线路的安装方法。

　　电缆线路施工是建筑电工一项基本且重要的操作技能，通过本章的学习，读者能够正确识别和选择电线电缆，能够进行电缆线路的施工。

　　通过室内线路施工的学习，读者能够掌握管内穿线的工艺方法，能够进行室内线路的连接施工。

第 **5** 章

建筑设备及照明安装

 本章重点难点提示

> 1. 掌握电动机、变压器及箱式变电所设备的安装方法。
> 2. 掌握建筑各类照明灯具的安装方法。

5.1 建筑设备安装

5.1.1 电动机安装

1. 电动机的选配

合理选择电动机是正确使用电动机的前提。由于电动机使用环境、负载情况各不相同，因此在选择电动机时要进行全面考虑。

（1）根据电源种类以及电压和频率的高低来选择电动机的工作电压，且应当以不增加起动设备的投资为原则。

（2）根据电动机的工作环境选择防护形式。

（3）根据负载的匹配情况选择电动机的功率。

（4）根据电动机起动情况选择电动机。

（5）根据负载情况来选择电动机的转速。

（6）在具有相同功率的情况下，要选用电流小的电动机。

2. 电动机安装地点的选择

在满足生产要求的前提下，电动机的安装地点要求通风散热条件良好，且便于操作、维护、检修。同时，尽量将电动机安装在干燥、防雨的地方，以防止雨淋、水泡。若附近生产机械产生不可去除的溅水现象，则应当在电动机上面盖一张大小合适的胶皮，并在正中央开小口，以让电动机吊环穿过，起到固定胶皮的作用。

3. 电动机安装基础

电动机底座的基础一般用混凝土浇筑方法施工。在浇筑电动机基础之前，应当先挖好基坑，夯实坑底，再用石块或砖块铺平，用水淋透，放好四周模板和地脚螺栓，然后进行混凝土浇筑。可用铸铁座做基础以及预埋电动机固定地脚螺栓做基础，如图 5-1a、b 所示。

为了确保地脚螺栓埋得牢固，埋入混凝土内的一端，要将螺栓切割成 "T" 字形或 "人" 字形，如图 5-1c 所示。埋入长度为螺栓直径的 10 倍以上。人字形开口长度以 100mm 以上为好。

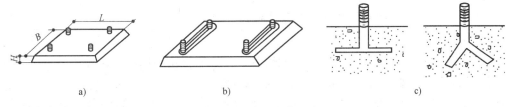

a)　　　　　　　　　b)　　　　　　　　　c)

图 5-1　电动机安装基础

4. 电动机安装

（1）电源线管安装。穿电线的钢管应在浇筑混凝土之前埋好，到电动机的钢管管口离地面不得低于100mm，也不宜过高，并应使它尽量接近电动机的接线盒。从管口到电动机接线盒之间要穿塑料软管，软管应深入接线盒内少许。

（2）电动机就位。小电动机可以用人力将其抬到基础上，比较重的电动机要采用起重机或是滑轮吊到基础上，注意小心轻放。电动机就位后，穿好地脚螺栓，用螺母稍加紧固，勿拧得太紧，以便进行调整。

5. 传动装置的安装

传动装置主要有带传动及联轴器传动两种。

（1）带传动的安装

1）安装方法。两个带轮的直径大小须按照生产机械的要求配置，即传动比要满足要求。两个带轮的宽度中心线必须在一条直线上，两轴必须平行。如果两轴不平行，则传动带易磨损，甚至烧毁电动机，若是水平传动带，则还可能会造成脱带事故。

2）校正方法。带传动安装后要进行校正。如图 5-2 所示，若两个带轮宽度相等，可以用一根钢丝（尼龙线亦可）拉紧，并先后紧靠两个带轮的侧面，适当调整电动机，并仔细观察钢丝与带轮的接触情况，如果同时接触，则表示已将带轮校正好。

（2）联轴器传动的安装

1）安装方法。先将半片联轴器与电动机的键槽（俗称销子眼位）对准，用锤子敲击，当联轴器进入键槽1/2时，即将销子插入其中，可以用锤子轻击。若联轴器不能进入，说明未对准，必须将联轴器打下，重新对准，对准后再用锤子轻击，进入即可。用管口比轴稍大的套筒（即一头开口、另一头封口的钢管）的开口端对准联轴器的中心，用锤子用力击打数下，取下套筒，用锤子轻轻击打销子，使之随联轴器一同进入键槽。如此反复几次，直至联轴器与轴端平齐即可。用同样的方法将另一半联轴器安装到机械端的轴上。

两片联轴器安装完毕之后，将联轴器传动时起缓冲作用的橡胶块或塑料块装进去，用手转动电动机上的联轴器，使它与机械上的联轴器对应，然后用力推电动机，使两片联轴器相互啮合，初步拧紧电动机的地脚螺栓，待将联轴器校正后再将其拧紧，并加盖外罩。

两点一线

减速器

图 5-2　带轮校正方法

2）校正方法。安装联轴器时，两片联轴器（俗称靠背轮）间应当保持 2~4mm 的间隙，以免两轴窜动时相互直接影响。电动机机座的地脚螺栓已稍稍拧紧，此时将金属直尺或锯片放在联轴器上方，看两片联轴器是否齐平，如果高低不一样，则须调整电动机机座的前后垫片。两片联轴器上方高低齐平后，再将金属直尺或锯片放在两片联轴器的侧面，仔细观察是否齐平，如果不平，则需进行横向调整。上方和侧面都齐平，意味着电动机轴心与机械轴心在一条直线上。最后，再次测量两片联轴器的间隙是否为 2~4mm，如果满足间隙要求，则将电动机的地脚螺栓拧紧，否则继续调整，直到满足要求。联轴器的安装与校正如图 5-3 所示。

6. 电动机校正与测量

电动机的校正与测量如图 5-4 所示。电动机的校正要求水平或是垂直在一条直线上。通常采用水平仪测量水平。用转速表测量转速，求出转速比。减速器和链条是可调整的。

图 5-3　联轴器的安装与校正

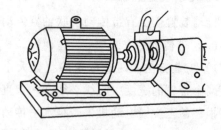

图 5-4　电动机的校正与测量

7. 电动机运行前后检查

（1）运行前检查

1）记录铭牌内容。

2）检查安装条件、周围环境及保护形式是否合适。

3）确认配线是否正确，设备外壳是否接地。

4）确认配线的端线连接点是否松动，接触是否良好。

5）确认电源开关、熔丝的容量和规格及继电器的选择。

6）检查润滑油是否过多，传动带的张力是否合适，有无偏心。

7）用手轻转电动机轴，查看其能否转动，注油量是否合适（指滑动轴承）。

8）检查集电环是否光滑，电刷有无污垢，电刷压力及其在刷握内的活动情况以及电刷短路装置的状况。

9）检查绝缘电阻值。

10）确认起动方法。

11）确认电动机的旋转方向。

（2）起动后检查

1）检查电动机旋转方向。

2）电动机在起动和加速时有无异常声音及振动。

3）升速后有无异常声音和振动。

4）起动电流是否正常，电压降对其他设备有无影响。

5）起动时间是否正常。

6）油环是否转动（对于滑动轴承）。

7）负载电流是否正常，有无脉冲和不平衡现象。

8）起动装置是否正常。

9）冷却系统和控制系统动作是否正常。

（3）运行中检查

1）带负载时有无异常现象（如振动、噪声等）。

2）有无臭味和冒烟现象。

3）温度是否正常，有无局部过热现象。

4）运行是否稳定。

5）传动带有无跳动和打滑现象。

6）电流及输出功率是否正常。

7）电流和电压有无不平衡现象。

8）有无其他不好的影响。

5.1.2 变压器安装

变压器是在交流电路中，将电压升高或降低的设备。它可以将任一数值的电压转变成频率相同的高、低电压值，满足电能的输送、分配和使用。例如，发电厂发出来的电压等级较低，必须经升压变压器，把电压升高到110kV，才能够输送到很远的配电所，配电所又必须经过降压变压器变成适用的电压等级，如380V、220V等，以满足动力用电及生活照明用电的需要。

1. 变压器的分类

常用的变压器有单相变压器、三相变压器、电力变压器、电源变压器、调压变压器、自耦变压器、测量变压器（电压互感器、电流互感器）、脉冲变压器等，如图5-5～图5-7所示。变压器按照结构特点分为单绕组、双绕组和多绕组；按冷却方式又分为油浸式和空气冷却式。

图 5-5　三相电力变压器

图 5-6　电源变压器

图 5-7　各种小型变压器

2. 变压器的工作原理

变压器是根据电磁感应原理制成的。它由硅钢片叠成的铁心和绕在铁心上的两个绕组线圈构成。铁心与绕组间彼此相互绝缘，没有任何电的联系。将变压器和电源连接的绕组叫作一次绕组，将变压器和负载连接的绕组叫作二次绕组。变压器变换电压的原理如图5-8所示。

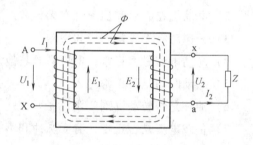
图 5-8　变压器变换电压原理

当将变压器的一次绕组接到交流电源 U_1 上时，铁心中就会产生变化的磁力线。因二次绕组绕在同一铁心上，磁力线切割二次绕组，二次绕组上必然产生感应电动势 E_2，使绕组两端出现电压 U_2。因磁力线是交变的，所以二次绕组的电压 U_2 也是交变的，而且频率与电源频率完全相同。理论证明，变压器一次绕组与二次绕组电压比和一次绕组与二次绕组的匝数比值有关，可以用下式表示：

$$\frac{U_1}{U_2} = \frac{N_1}{N_2}$$

式中　U_1——一次绕组电压；

　　　U_2——二次绕组电压；

　　　N_1——一次绕组匝数；

　　　N_2——二次绕组匝数。

上式表明：绕组匝数越多，电压就越高。二次绕组匝数比一次绕组匝数少，则为降压变压器；二次绕组匝数比一次绕组匝数多，则为升压变压器。

总之，变压器的工作过程是一个电生磁和磁生电的过程。

3. 变压器的安装方式

本部分主要包括10kV及以下变、配电设备的安装，其中包括：配电室引入线的做法，变压器室的布置、母线安装，开关柜安装，墙上低压电器安装及电容器的安装等。除设计有特殊要求外，通常要求如下：

（1）变、配电工程中的各种铁件均需要做防锈处理并做好接地；除镀锌外，均刷樟丹油一道、灰油漆两道。

（2）母线均应当涂刷有色油漆，涂色要求按表5-1规定。

表 5-1　10kV 及以下三相交流铜、铝母线涂色

相序	需涂颜色	涂色长度
U	黄色	沿全长
V	绿色	沿全长
W	红色	沿全长
N	黑色	沿全长

（3）铜母线连接应当采用机械连接，搭接部分表面应刷锡。铝母线可以采用机械连接或焊接。焊接时，焊缝应饱满。

（4）母线水平安装时，用卡板固定，垂直安装时，用夹板固定。

（5）多股导线与电气设备端子连接时，均应用接线端子，严禁不经端子直接接入。

（6）当铜导线与铝接线端子压接时，应当将铜导线刷锡或加垫锡箔纸。

（7）当导线或接线端子截面面积大于电气设备的接线槽时，应当采用铜连接板过渡。连接板的截面面积应当不小于导线截面面积。连接板与铝接线端子连接处应刷锡。

（8）所有接线端子与电气设备连接时，均应加垫圈和弹簧垫圈。

（9）母线间距应当均匀一致，最大允许误差为5mm。

（10）母线调直应当采用木质工具，切断母线时，严禁用电气焊切割。

（11）开关柜的基础型钢安装前应当调直，埋设固定后，其水平误差每米应当小于1mm，但全长总误差不应当大于5mm。

（12）配电柜应安装牢固，各柜连接紧密，无明显缝隙，垂直误差每米不大于1.5mm，水平误差每米不大于1mm，但总误差不大于5mm，柜面连接应当平直整齐。

（13）电缆引入电缆沟时，应当尽量从电缆沟的纵向（顺沟方向）引入，以避免电缆弯曲半径过小。引入室内或电线沟内的，应当剥去麻皮。

4. 户外地台安装变压器

图5-9所示为户外地台安装变压器实物图和安装尺寸图。

变压器外廓（防护外壳）与变压器室墙壁和门的净距不应当小于表5-2所列数值。干式变压器的金属网状遮栏高度不低于1.7m。

对于就地检修的室内变压器，变压器室的室内高度可以按照吊心所需的最小高度再加700mm确定，宽度可以按照变压器两侧各加800mm确定。设置于室内的干式变压器，其外廓与四周墙壁的净距不应小于0.6m，干式变压器之间的距离不应当小于1m。

厂区内的户外配电装置，其周围设置的围栏高度不应当小于1.5m。配电装置中电气设备的栅栏高度不小于1.2m，最低栏杆至地面的净距不大于200mm。

a) 地台变压器安装实物图

b) 安装尺寸图

1—1 剖面

2—2 剖面

图 5-9　户外地台变压器的安装

注：如无防雨罩时，穿墙板改为户外穿墙套管

表 5-2　变压器外廓（防护外壳）与变压器室墙壁和门的净距

变压器容量/kVA 净距/m 项目	100~1000	1250~1600
油浸变压器外廓与后壁、侧壁净距	0.6	0.8
油浸变压器外廓与门净距	0.8	1.0
干式变压器带有 IP2X 及以上防护等级金属外壳与后壁、侧壁净距	0.6	0.8
干式变压器有金属网状遮栏与后壁、侧壁净距	0.6	0.8
干式变压器带有 IP2X 及以上防护等级金属外壳与门净距	0.8	1.0
干式变压器有金属网状遮栏与门净距	0.8	1.0

5. 户外杆上安装变压器

双杆比单杆安装更为牢固、稳定，适用于 40~200kVA 的变压器，如图 5-10 所示。

a) 户外杆上变压器实物图

立面

1—1 剖面

b) 安装尺寸图

图 5-10　户外杆上变压器的安装

6. 户内变压器的安装

图 5-11 所示为户内变压器的安装图。

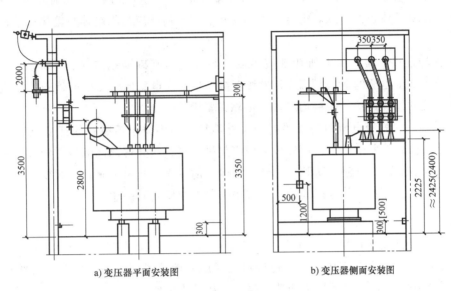

a) 变压器平面安装图   b) 变压器侧面安装图

图 5-11　户内变压器的安装

（1）设备构件在安装时，建议采用电锤打洞，可以采用膨胀螺栓、螺母固定的方法，也可以预塞木砖或预留安装孔，尽量避免临时钻孔。

（2）所有金属构件均应做防腐处理。室内的要涂防腐剂。室外的最好采用镀锌材料或涂油漆。

（3）进线电缆有麻皮时，穿管引入的一段应当剥去麻皮保护层。

（4）横跨室内的桥型构件的长度，应当按照变压器的实际尺寸下料制作、安装。

5.1.3　箱式变电所设备安装

1. 测量定位

按照设计施工图所标定的位置、坐标方位、尺寸，进行测量放线，确定箱式变电所安装的底盘线与中心轴线，确定地脚螺栓的位置。

2. 基础型钢安装

（1）预制加工。基础型钢的型号、规格应当符合设计要求。按照设计尺寸进行下料与调直，做好防锈处理。根据地脚螺栓位置及孔距尺寸，进行制孔。制孔必须采用机械制孔。

（2）基础型钢钢架安装。按照放线确定的位置、标高、中心轴线尺寸所控制准确的位置放好型钢钢架，用水平尺或是水准仪找平、找正，然后与地脚螺栓牢固连接。

（3）基础型钢与地线连接。将引进箱内的地线与型钢结构基架两端焊牢。

3. 箱式变电所就位与安装

（1）箱式变电所就位。要确保作业场地清洁、通道畅通，将箱式变电所运至安装的位置。吊装时应当严格吊点且充分利用吊环，将吊索穿入吊环内，然后做试吊检查。吊索力的分布应当均匀一致，确保箱体平稳、安全、准确地就位。

（2）组合箱体。按照设计布局的顺序组合排列箱体。先找正两端的箱体，然后挂通线，找准调正，使其箱体正面平顺。组合的箱体找正、找平后，应当将箱体与箱体用镀锌螺栓连接牢固。

（3）接地连接。箱式变电所接地应当以每箱独立与基础型钢连接，不允许进行串联。接地干线与箱式变电所的 N 母线及 PE 母线直接连接，变电箱体、支架或外壳的接地应当用带有防松装置的螺栓连接。连接均应紧固可靠，紧固件齐全。

（4）其他。箱式变电所的基础要高于室外地坪，周围排水通畅；箱式变电所所用地脚螺栓应螺母齐全，拧紧牢固，自由安放的应当垫平放正；箱壳内的高低压室均应当装设照明灯具；箱体应有防雨、防潮、防晒、防锈、防尘、防凝露的技术措施；箱式变电所安装高压或低压电度表时，接线相位必须准确，并应当安装在便于查看的位置。

4. 高压接线

（1）高压接线要尽量简单，但既要有终端变电所接线，又要有适应环网供电的接线。

（2）接线的接触面要连接紧密，连接螺栓或压线螺栓紧固必须牢固，与母线连接时螺栓要采用力矩扳手紧固，其紧固力矩值应当达到相关规定要求。

（3）相序排列应准确、整齐、平整、美观，并且涂有相序色标。

（4）设备接线端、母线搭接或卡子、夹板处，明敷设地线的接线螺栓处等，这些部位的两侧 10~15mm 处均不得涂刷涂料。

5. 电气交接试验

（1）箱式变电所要进行电气交接试验。变压器应当按照变压器试验的相关规定进行试验。

（2）如果高压开关、熔断器等与变压器组合在同一个密闭油箱内的箱式变电所，其高压电器交接试验要按随带的技术文件执行。

（3）低压配电装置的电气交接试验

1）对每路配电开关及保护装置进行规格型号核对，其应当符合设计要求。

2）测量线间和线对地间绝缘电阻，其值应大于 0.5MΩ。当绝缘电阻值大于 10MΩ 时，要用 2500V 绝缘电阻表摇测 1min，应无闪络击穿现象。当绝缘电阻值在 0.5~10MΩ 之间时，要做 1000V 交流工频耐压试验，时间 1min，不击穿为合格。

5.2 建筑照明安装

5.2.1 白炽灯安装

1. 安装的一般要求

（1）室内灯具悬挂高度，通常不得低于 2~4m。如室内环境特殊，达不到最低安装高度时，可以用 36V 安全电压供电。

（2）室内灯开关一般安装在门边或其他便于操作的位置。通常拉线开关离地面高度不应低于 2m，扳把开关不低于 1.3m，与门框的距离以 150~200mm 为宜。

（3）不同的照明装置，不同的安装场所，照明灯具使用的导线芯线横截面面积应不小于表 5-3 中的规定。

还应当注意，在采用花线时，有白点的花色线应接相线，无白点的单色线接零线。

表 5-3　常用单芯导线横截面面积与载流量对照

横截面面积/mm²　　　　　载流量/A　　导线种类	0.8	1.0	1.5	2.5	4.0	6.0	8.0	10	16	25	35	50	75	95
铜芯线,铜芯软线	17	20	25	34	45	56	70	85	113	146	180	225	287	350
铝芯线,铝芯软线	13	15	19	26	35	43	54	66	87	112	139	173	220	254

（4）灯具质量在 1kg 以下时，可直接用软线悬吊；重于 1kg 者应加装金属吊链；超过 3kg 者，应当固定在预埋的吊挂螺栓或吊钩上。在预制或现浇楼板内预埋吊钩和吊挂螺栓，如图 5-12 所示。

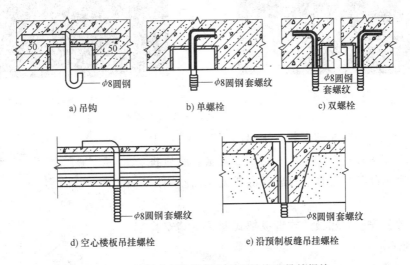

图 5-12　预制或现浇楼板内预埋吊钩和吊挂螺栓

2. 白炽灯安装施工

白炽灯安装有两种方法：导线明敷安装法和导线暗敷安装法。明敷导线的方法有两种：一种是导线先夹入瓷夹板内固定，然后逐一安装上钢筋扎头；另一种是使用钢钉固定布线。暗敷导线是在墙里打槽穿管，将导线穿在管内。暗装美观，但成本较高，不便于维修。

（1）先在准备安装吊线盒的地方打孔，预埋木枕或膨胀螺栓，然后在圆木底面用电工刀刻两条槽，圆木中间钻孔，将电源线端头嵌入圆木中间的小孔，通过中间小孔用木螺钉将圆木紧固在木枕上，如图 5-13 所示。

（2）穿线。相线必须经过开关再接到灯座上。螺口灯座，槽线经过开关后，应接在灯座中心的弹片触头上，零线接在螺纹触头上，如图 5-14 所示。

（3）软导线兼承载灯具重力时，软导线一端应套入吊线盒内，另一端应套入灯座罩盖，两端均应在线端打结扣，以使结扣承载拉力，而导线接线处不受力，如图 5-15 所示。

（4）暗开关和暗插座的安装。暗埋的开关盒、插座盒应与暗埋的电线管连通，且开关盒、插座盒的面口应与粉刷层平齐。安装插座与开关前要先进行线管穿线。

图 5-13 将电源线端头嵌入圆木中间的小孔

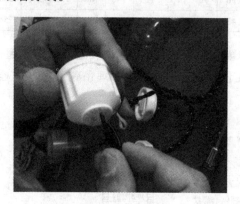

图 5-14 穿线

图 5-15 在线端打结扣

（5）明开关和明插座的安装。土建施工时，在墙上预埋木楔，或者在墙上凿孔埋置木楔或尼龙塞，然后将穿引出导线的木台固定在墙上，最后将开关和插座固定在木台上。

（6）开关的安装。翘板式或者扳把式开关，其安装高度应便于操作。

（7）插座的安装。一般明插座离地面高度为 1.8m，暗插座离地面高度为 0.3m，插座接线应当统一要求。

（8）白炽灯安装完成后如图 5-16 所示。

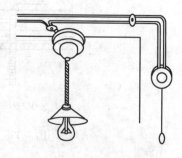

图 5-16 白炽灯安装完成

5.2.2 壁灯安装

壁灯（图 5-17）一般安装于墙上或柱子上。如装在砖墙上，通常在砌墙时预埋木砖，但要注意的是禁止用木楔代替木砖。当然也可以用预埋金属件或打膨胀螺栓的办法来解决。当采用梯形木砖固定壁灯灯具时，木砖须随墙砌入。木砖的尺寸如图 5-18 所示。

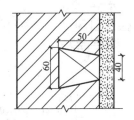

图 5-17　壁灯实物图　　　　　　　　　　　　图 5-18　木砖尺寸示意图

　　在柱子上安装壁灯，可以在柱子上预埋金属构件或用抱箍将灯具固定于柱子上，也可以用膨胀螺栓固定。壁灯的安装如图 5-19 所示。

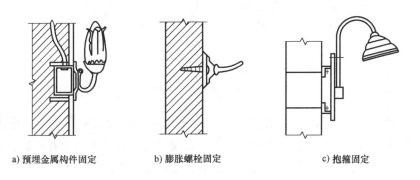

a) 预埋金属构件固定　　　　　　b) 膨胀螺栓固定　　　　　　c) 抱箍固定

图 5-19　壁灯安装

5.2.3　吊灯安装

　　吊灯如图 5-20 所示。采用导线悬吊安装的灯具一般是白炽灯，其主要部件有绝缘导线、灯头及灯泡等。安装和接线方法如下：

　　（1）安装吊线盒。先将安装吊线盒用的圆木安装在顶棚上。若为暗敷线，应当事先将两根电源线由圆木引线孔穿出；若为明敷线，应当事先在圆木正面刻出两个引线槽，或是从侧

图 5-20　吊灯

面开孔，将电源线从侧孔进入后再从引线孔穿出，如图 5-21 所示。确定吊线盒在圆木上的位置，用螺钉将其固定在圆木上。为了便于木螺钉旋入，可以事先用丝锥钻一个小孔，然后拧紧螺钉，如图 5-22 所示。

　　（2）连接悬吊导线。将两根悬吊线的一端打成蝴蝶结放在吊线盒内，避免吊线盒受力，如图 5-23a 所示。

　　将吊线端头留出足够长度后剥去绝缘外皮。用手将导线头拧紧后，按顺时针方向打弯并安装在吊线盒的接线端子上。将吊线盒盒盖从吊线另一端套入并拧在其底座上，如图 5-23b 所示。

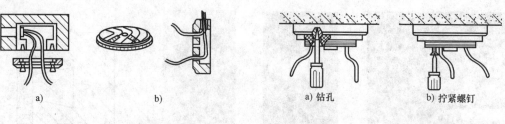

图 5-21 圆木的安装   图 5-22 钻孔与拧紧螺钉

a)   b)   a) 钻孔   b) 拧紧螺钉

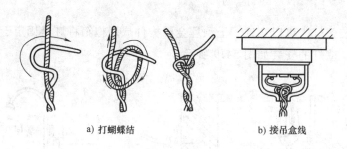

a) 打蝴蝶结   b) 接吊盒线

图 5-23 吊线盒的接线

（3）灯头接线安装。将灯头帽拧下并穿过由吊线盒引出的两根导线。将导线打结并去皮，然后将导线分别接在灯头的两个接线柱上。在接线时注意线头不能有毛刺，以防线与线之间连接短路。接好后将灯头盖盖好旋上灯头芯，最后旋上灯泡。

进行灯头接线时应注意：对螺口灯头，电源相线必须与灯头的中心接点（俗称"舌头"）相连，零线与灯头螺口接点相连。如果若接法与上述规定相反，则可能在手触及灯头或灯泡螺口处时造成触电。

5.2.4 吸顶灯安装

吸顶灯往往装在顶棚上，有直接用底盘安装及间接安装两种方式，如图 5-24 所示。

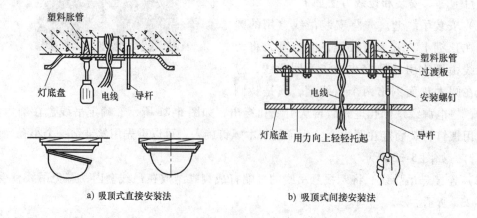

a) 吸顶式直接安装法   b) 吸顶式间接安装法

图 5-24 吸顶灯的安装

1. 直接安装法

（1）测量底盘（图 5-25），把底盘放在顶棚上。

（2）测量安装孔的位置并画出，如图 5-26a 所示。

（3）用冲击钻打孔，如图 5-26b 所示。

（4）放入塑料胀管，在其中一个胀管中插入一根钢丝作为导杆，待安装好一颗螺钉后，再拆下导杆安装另一颗螺钉。

图 5-25　测量底盘

a) 测量安装孔位置

b) 冲击钻打孔

图 5-26　钻孔

（5）如图 5-27 所示，对接线处进行绝缘处理后，安装白炽灯。

2. 间接安装法

（1）用膨胀螺栓或塑料胀管将过渡板固定在顶棚预定位置（图 5-28）。

图 5-27　接线处绝缘处理

图 5-28　用膨胀螺栓固定

（2）安装完底盘元件后（图 5-29），将电源线由引线孔穿出（图 5-30）。托着底盘找对过渡板上的安装螺栓，上好螺母。因不便观察而不易对准位置时，可以用一根钢丝穿过底盘安装孔，顶在螺栓端部，使底盘慢慢靠近，沿钢丝顺利对准螺栓并安装到位。

图 5-29 底盘元件安装

图 5-30 将电源线由引线孔穿出

（3）如图 5-31 所示，对接线处进行绝缘处理后，安装灯泡（图 5-32），并进行通电检测（图 5-33）。

图 5-31 接线处绝缘处理

图 5-32 安装灯泡

图 5-33 通电检测

3. LED 节能环保型吸顶灯安装

（1）将底盘安装在天花板加强处。用自攻螺钉将底盘安装在天花板上，如图 5-34 所示。如果安装不牢固，会导致灯具坠落，造成灯具破损或人身伤害。

（2）关闭电源总闸，连接电源，将对应灯具的 AC 电源输入线接好，如图 5-35 所示。

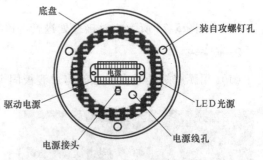

图 5-34 底盘安装示意图

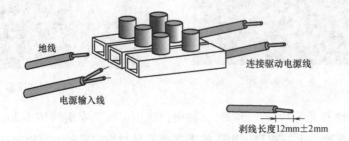

图 5-35 连接电源

（3）安装灯罩。将灯罩嵌入底盘，顺时针方向旋转灯罩或扳动板扣，卡住灯罩，如图5-36所示。检查无误后，接通电源开关，即可使用。

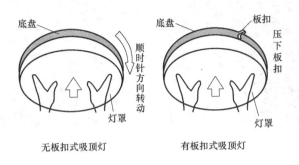

图5-36 安装灯罩

5.2.5 荧光灯安装

1. 荧光灯电子镇流器连接

电子式荧光灯内部线路图，如图5-37所示。荧光灯在接线前，要先弄清楚荧光灯电子镇流器的构造，以便能够更安全的进行安装。在荧光灯电子镇流器上，L代表火线，N代表零线，相对应的从机盒中延生出的两条线，上面是火线，下面是零线，如图5-38所示。注意，不要随意拆开机盒，更不要在通电情况下，同时连接零线和火线。

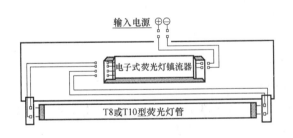

图5-37 电子式荧光灯内部线路图

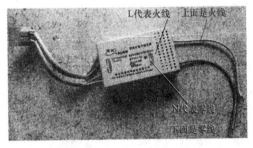

图5-38 荧光灯电子镇流器

荧光灯电子镇流器连接前，要先将电路通上电，用电笔测试一下荧光灯电子镇流器的线路区别，然后将电路断掉，最后按照操作说明书将荧光灯的外壳拆下来，换上荧光灯电子镇流器，并用螺丝刀拧紧，盖好荧光灯外壳，将其固定，这样荧光灯电子镇流器就连接完成了。注意，在安装荧光灯电子镇流器，进行电路连接时，由于荧光灯电子镇流器本身的通过电压比较高，因此要注意用电安全，做好防电触电的准备的工作，操作时最好带上防电手套。

2. 普通荧光灯安装

荧光灯一般采用吸顶式安装、链吊式安装、钢管式安装、嵌入式安装（图5-39）等方法。

图 5-39 内嵌式荧光灯安装

（1）吸顶式安装时镇流器不能放在荧光灯的架子上，否则散热困难；安装时荧光灯的架子与顶棚之间要留15mm 的空隙，以便通风。

（2）采用钢管或吊链安装时，镇流器可放在灯架上。如为木制灯架，在镇流器下应当放置耐火绝缘物，通常垫以瓷夹板进行隔热。

（3）为了防止灯管掉下，应当选用带弹簧的灯座，或在灯管的两端加管卡或用尼龙绳扎牢。

（4）对于吊式荧光灯安装，在三盏以上时，安装前应当弹好十字中线，按照中心线定位。如果荧光灯超过十盏，可以增加灯位调节板，此时将吊线盒改用法兰盘。灯位调节板如图 5-40 所示。

图 5-40 灯位调节板

（5）在装接镇流器时，需按镇流器的接线图施工，特别是带有附加线圈的镇流器，不得接错，否则会损坏灯管。选用的镇流器要与灯管要匹配，不能随便代用。由于镇流器是一个电感元件，功率因数很低，为改善功率因数，通常还需要加装电容器。

（6）链吊式荧光灯安装，如图 5-41～图 5-49 所示。

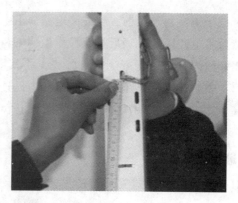

图 5-41 测量灯盒

1）测量灯盒如图 5-41 所示。

2）吊盒接线如图 5-42 所示。

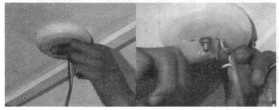

图 5-42 吊盒接线

3）绝缘处理如图 5-43 所示。

4）吊线处理如图 5-44 所示。

图 5-43 绝缘处理   图 5-44 吊线处理

5）安装灯盒如图 5-45 所示。

6）内部导线处理如图 5-46 所示。

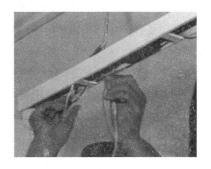

图 5-45 安装灯盒   图 5-46 内部导线处理

7）安装盖板如图 5-47 所示。

8）安装灯管如图 5-48 所示。

9）链吊式荧光灯安装完毕后的通电检测，如图 5-49 所示。

3. LED 荧光灯安装

（1）断开电源，取下电子镇流器，按图 5-50 所示，改换支架内的电线连接，并做好绝缘处理。

图 5-47　安装盖板

图 5-48　安装灯管

图 5-49　通电检测

（2）LED 荧光灯在电气连接导线时，高压火线必须经接电气开关控制器来控制灯具断接点，否则容易引发产品故障。

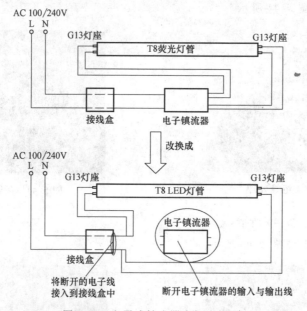
图 5-50　电子式镇流器支架改装图

（3）按 LED 灯具上的额定电压进行安装，不要在电压过高或过低的状态下使用，否则容易引发产品故障。

5.2.6　金属卤化物灯安装

金属卤化物灯是在高压汞灯的基础上为改善光色而发展起来的一种新型电光源。它不仅光色好，而且发光效率高。在高压汞灯内添加某些金属卤化物，靠金属卤化物的不断循环，向电弧提供相应的金属蒸气，于是就发出表征该金属特征的光谱线。目前我国生产的金属卤化物灯包括钠铊铟灯、镝钬灯、镝灯、钪钠灯等，其优点是光色好，光效高。

1. 金属卤化物灯的工作原理

常用的金属卤化物灯有钠铊铟灯和管形镝灯，其工作原理如下：

（1）钠铊铟灯的接线和工作原理。图 5-51 为 400W 钠铊铟灯工作原理图。电源接通之后，电流流经加热线圈 1 和双金属片 2，双金属片受热弯曲而断开，产生高压脉冲，使灯管放电点燃；在点燃后，放电的热量使双金属片一直保持断开的状态，钠铊铟灯进入稳定的工作状态。1000W 钠铊铟灯工作线路较为复杂，必须加专门的触发器。

（2）管形镝灯的接线及原理。由于在管内加了碘化镝，所以启动电压和工作电压就升高了。这种镝灯必须接在 380V 线路中，而且要增加两个辅助电极（引燃极）3 和 4，如图 5-52 所示，使得接通电源之后，首先在 1、3 与 2、4 之间放电，再过渡到主电极 1、2 间的放电。

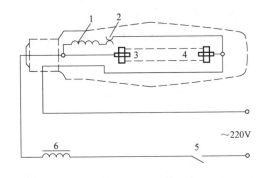

图 5-51　400W 钠铊铟灯工作原理图
1—加热线圈　2—双金属片　3、4—主
电极　5—开关　6—镇流器

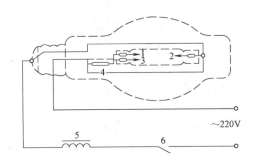

图 5-52　管形镝灯原理图
1、2—主电极　3、4—辅助电极
5—镇流器　6—开关

2. 金属卤化物灯安装施工

金属卤化物灯安装时，要求电源电压比较稳定，电源电压的变化不宜大于±5%。电压的降低会影响发光效率及管压的变化，并且会造成光色的变化，以致熄灭。

金属卤化物灯的安装应当符合下列要求：

（1）电源线应当经接线柱连接，并不得使电源线靠近灯具表面。

（2）灯具安装高度宜在 5m 以上。

（3）灯管必须与触发器和限流器配套使用。

（4）无外玻璃壳的金属卤化物灯紫外线辐射较强，灯具应当加玻璃罩，或是悬挂在高度 14m 以上的位置，以保护眼睛和皮肤。

（5）管形镝灯的结构有水平点燃、灯头在上的垂直点燃和灯头在下的垂直点燃三种，在安装时，必须认清方向标记，正确使用。

（6）垂直点燃的灯安装成水平方向时，灯管有爆裂的危险。灯头上、下方向调错，光色会偏绿。

（7）由于温度较高，配用灯具必须考虑散热，而且镇流器必须与灯管匹配使用，否则会影响灯管的寿命或造成启动困难。

5.2.7　花灯安装

1. 组合式吸顶花灯安装

（1）根据预埋的螺栓和灯头盒的位置，在灯具的托板上用电钻开好安装孔和出线孔，在安装时将托板托起，将电源线和从灯具甩出的导线连接并包扎严密。

（2）尽量将导线塞入灯头盒内，然后将托板的安装孔对准预埋螺栓，使托板四周和顶棚紧贴，用螺母将其拧紧，调整好各个灯口，悬挂好灯具的各种饰物，并安装好灯管或是灯泡。

2. 吊式花灯安装

（1）将灯具托起，并将预埋好的吊杆插入灯具内，将吊挂销钉插入，再将其尾部掰开成燕尾状，并且将其压平。

（2）导线接好头，包扎严实，理顺后向上推起灯具上部的扣碗，将接头扣于其内，并且将扣碗紧贴于顶棚，拧紧固定螺钉。

（3）调整好各个灯口。

（4）安装好灯泡，最后再配上灯罩。

5.2.8 应急照明灯具安装

应急照明灯（图 5-53）是现代大型建筑物中保障人身安全及减少财产损失的安全设施。除正常电源外，应急照明灯应另有电源供电，可以是独立于正常电源的柴油发电机组供电，也可以是由蓄电池柜供电或是选用自带电源型的应急灯具。照明在正常电源断电后，电源的转换时间为：安全照明≤0.25s；备用照明≤5s；金融商业交易场所≤1.5s；疏散照明≤5s。应急照明最少持续供电时间应符合设计要求。应急照明配线应当采用耐火电线或电缆，通常用额定电压不低于 750V 的铜芯绝缘导线，穿管明敷或在非燃烧体内穿刚性导管暗敷，暗敷保护层厚度不得小于 30mm。

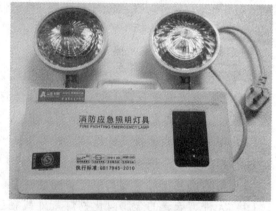

图 5-53　应急照明灯

应急照明由安全出口标志灯和疏散标志灯组成。安全出口标志灯应设置于疏散方向的里侧上方，灯具底边宜在门框（套）上方 0.2m。地面上的疏散指示标志灯应有防止被重物或是外力损坏的措施。当厅室面积较大，疏散指示标志灯无法装设于墙面上时，宜装设在顶棚下且距地面高度不宜大于 2.5m。

标志灯安装在走廊、楼梯、通道及其转角等处时，其应安装在距地面 1m 以下的墙面上，如果条件不具备可安装于上部，疏散指示灯的标志灯间距为 10~20m，不能大于 20m，人防工程不能大于 10m。应急照明灯具的安装如图 5-54 所示。

在制作指示标志时要采用非燃烧材料。各种标志灯的图形要正确（图 5-55），且指引方向应正确清晰。应急灯必须灵敏可靠；事故照明灯应有特殊的标志，宜设于墙面或顶棚上。应急照明灯具及运行中温度大于 60℃的灯具，当靠近可燃物时，应采取隔热、散热等防火

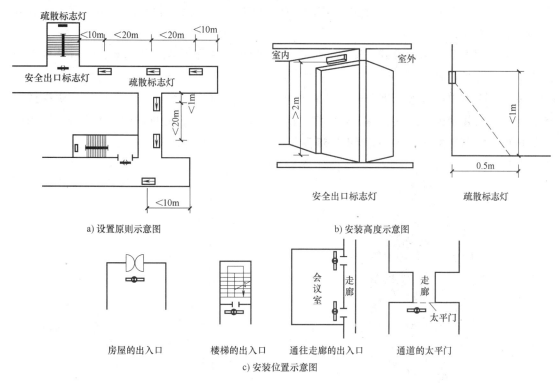

图 5-54　应急照明灯具安装示意图

措施。如果采用白炽灯、卤钨灯等光源，不能直接安装在可燃物件或可燃装修材料上。

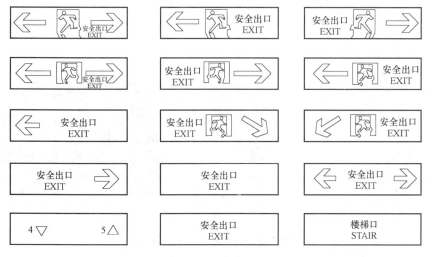

图 5-55　疏散指示灯图形

5.2.9　防爆灯具安装

在安装防爆灯具（图 5-56）时，灯具附近的管口和吊管上部需做好隔离密封，对于 CB313-240G 型防爆灯，灯头内的管口也要做隔离密封。隔离密封的具体做法如下：

（1）在导线外面用细棉绳缠绕，缠绕圈数要根据导线直径和管径的大小而定，要求绕至接近管子内径为止。

（2）如果管子有多根导线，则要先以单根交叉绕3～4圈后再进行缠绕，管口处要填充沥青混合物密封填料。

电气接头不仅要接触紧密，还必须有防止自松脱的措施，如采用止退垫片、防松螺母等。为了确保装置的密封性，一定要做好其进线口的隔离密封，如果出线口不出线，应当用闷头堵死。隔离密封如图5-57和图5-58所示。

图 5-56　防爆灯

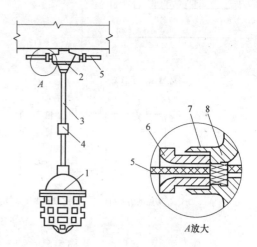

图 5-57　安全防爆灯隔离密封

1—防爆灯　2—接线盒　3—铜管　4—密封漏斗
5—电缆　6—压紧螺母　7—垫圈　8—橡胶密封垫

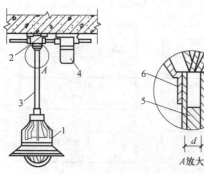

a) 密封示意图

b) 高压水银灯实物图

图 5-58　防爆隔离高压水银灯隔离密封

1—防火灯具　2—接线盒　3—钢管　4—镇流器　5—堵漏　6—密封材料

5.2.10　路灯安装

某厂区内的路灯如图5-59a所示。它除了方便交通外，也为人们在公路两旁休闲、散步、游玩、锻炼身体提供了良好的照明效果。

1. 光控路灯电路的工作原理

光控路灯具有工作稳定、可靠，不会因为偶然的强光照射而引起误动作或是闪烁的特点。

如图 5-59b 所示，该光控路灯电路由光控触发器电路、开关电路和电源电路组成。光控路灯电路中，光控触发器电路由光敏电阻器 RG、电位器 RP、电容器 C3 和 C4、电阻器 R3 和时基集成电路 NE555 组成；开关电路由晶闸管 VTH、电阻器 R2 和发光二极管 LED 组成；电源电路由降压电容器 C1、电阻器 R1、稳压二极管 VS、整流二极管 VD 和滤波电容器 C2 组成。交流 220V 电压经 C1 降压、VS 稳压、VD 整流及 C2 滤波后，产生 8.5V（V_{CC}）直流电压供给 NE555。

在白天，光敏电阻器 RG 受光照射而呈低阻状态，NE555 的 2 脚和 6 脚电位高于 $2V_{CC}/3$，NE555 的 3 脚输出低电平，发光二极管 LED 不发光，晶闸管 VTH 处于截止状态，照明灯 EL 不亮。

当夜幕降临时，光照度逐渐减弱，光敏电阻器 RG 的阻值逐渐增大，NE555 的 2 脚和 6 脚电压也开始下降，当两脚电压降至 $V_{CC}/3$ 时，NE555 内部的触发器翻转，3 脚由低电平变为高电平，使 LED 导通发光，VTH 受触发而导通，将照明灯 EL 点亮。

a) 路灯的安装外形

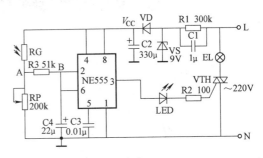

b) 电路

图 5-59　路灯

直到次日黎明来临时，光照度逐渐增强，RG 的阻值逐渐减小，使 NE555 的 2 脚和 6 脚电压逐渐升高，当两脚电压升高至 $2V_{CC}/3$ 时，NE555 的 3 脚由高电平变为低电平，LED 和 VTH 均截止，照明灯 EL 熄灭。

调节 RP 的阻值，可以控制该灯光自动控制器电路在不同光照下的动作。

2. 路灯安装施工

路灯安装通常采用地沟穿管暗敷布线的方法。控制部分安装在大门口或在电工房值班室内，统一控制。

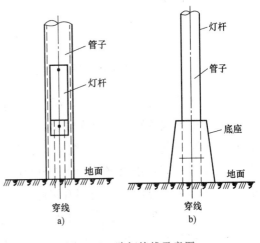

图 5-60　路灯接线示意图

145

路灯通常由埋在地下的电力电缆线路供电，一般设置接线箱，在箱内接线和安装路灯的电气保护装置。通常情况下，多利用灯杆内部圆柱空间作为接线箱。图 5-60a 所示为利用灯杆外部圆柱形或是六方形接线的做法；图 5-60b 所示为灯杆根部采用底座罩、利用其内部空间接线和安装电器的做法。

5.2.11　建筑物彩灯安装

建筑物彩灯如图 5-61 所示，其安装示意图如图 5-62 所示。

图 5-61　建筑物彩灯

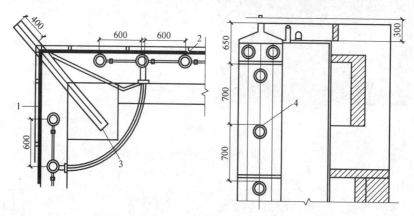

图 5-62　建筑物彩灯安装示意图

1—接闪带　2—水平彩灯　3—垂直彩灯挑臂　4—垂直彩灯

（1）建筑物顶部彩灯采用有防雨性能的专用灯具，在安装时应当将灯罩拧紧。

（2）彩灯配线管路按明配管敷设，并且应当具备防雨功能。管路间、管路与灯头盒间螺纹连接，螺扣应缠防水胶带或缠麻抹油铅。

（3）垂直彩灯悬挂挑臂采用不小于 10 号槽钢。端部吊挂钢索的吊钩螺栓直径不小于10mm，螺栓在槽钢上固定，两侧有螺母，并且加平垫圈及弹簧垫圈紧固。

（4）垂直彩灯采用防水吊线灯头，下端灯头距地面高于 3m。

（5）悬挂钢丝绳直径不小于 4.5mm，底把圆钢直径不小于 16mm，地锚采用架空外线用拉线盘，埋设深度大于1.5m。

（6）管路间、管路与灯头盒间螺纹连接，金属导管及彩灯的构架、钢索等可以接近裸露导体接地（PE）或接零（PEN）可靠。

5.2.12 霓虹灯安装

（1）在安装霓虹灯（图5-63）时，要确保灯管完好无破裂，并安装于人不易触及的地方，不能直接同建筑物接触。固定后的灯管与建筑物、构筑物表面的最小距离不宜小于20mm。在安装时，应当在固定霓虹灯管的基面上（如图案、立体文字、广告牌和牌匾的面板等）确定霓虹灯每个单元的位置。在灯体组装时要依字体和图案的每个组成所在位置安设灯管支持件。

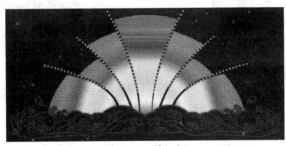

图5-63 霓虹灯

（2）托架对于霓虹灯起着定位和保护的作用。在安装霓虹灯时通常用角钢做成框架，框架不仅要美观、还要牢固，在室外安装时更要经得起风吹雨淋。

（3）在安装灯管时，应用各种玻璃或瓷制、塑料制的绝缘支持件固定。有的支持件可以直接将灯管卡入，有的则用直径0.5mm的裸细铜丝扎紧，如图5-64所示。在安装灯管时不可过度用力，用螺钉将灯管支持件固定在木板或塑料板上。

（4）在安装室内或是橱窗里的小型霓虹灯管时，先在框架上拉紧已套上透明玻璃管的镀锌钢丝，组成200～300mm间距的网格，再将霓虹灯管用直径0.5mm的裸铜丝或弦线等与玻璃管扎紧即可，如图5-65所示。

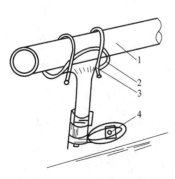

图5-64 霓虹灯管支持件固定
1—霓虹灯管 2—绝缘支持件 3—直径
0.5mm裸铜丝扎紧 4—螺钉固定

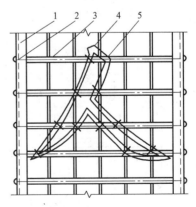

图5-65 霓虹灯管绑扎固定
1—型钢框架 2—直径1.0mm镀锌钢丝 3—玻
璃套管 4—霓虹灯管 5—直径0.5mm铜丝扎紧

5.2.13 航空障碍标志灯安装

航空障碍标志灯（图5-66）应当装设于建筑物或构筑物的最高部位，如图5-67所示。当制高点平面面积较大或为建筑群时，除在最高端装设以外，应在其外侧转角的顶端分别设置。由于不方便维护和更换光源，所以要由建筑设计提供专门措施，如可活动的专用平台等。

图5-66　航空障碍标志灯

图5-67　安装航空障碍标志灯

航空障碍标志灯电源应按主体建筑中最高负荷等级要求供电，且宜采用自动通断电源的控制装置。障碍标志灯的启闭一般可以使用露天安放的光电自动控制器进行控制。光电自动控制器以室外自然环境照度为参量来控制光电元件的动作启闭障碍标志灯。也可以通过建筑物的管理计算机，以时间程序来启闭障碍标志灯。为了有可靠的供电电源，两路电源的切换最好在障碍标志灯控制盘处进行。

图5-68为航空障碍标志灯接线系统图，双电源供电，电源自动切换，每处装两只灯，由室外光电控制器控制灯的开闭，也可以由大厦管理计算机按时间程序控制开闭。

屋顶障碍标志灯安装大样图如图5-69所示，安装金属支架必须与建筑物防雷装置进行焊接。障碍灯的安装如图5-70所示。

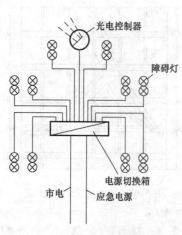

图5-68　障碍标志照明系统图

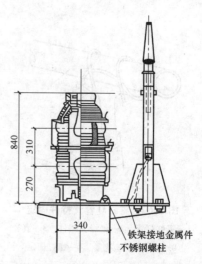

图5-69　障碍标志灯安装大样图

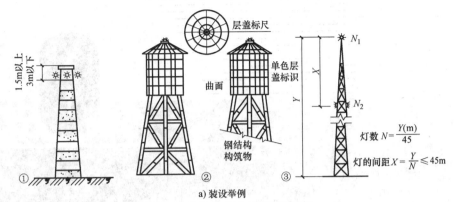

a) 装设举例

①图所示为 H<45m 时，更高的构筑物如 ③ 图所示，要在中间增添障碍灯

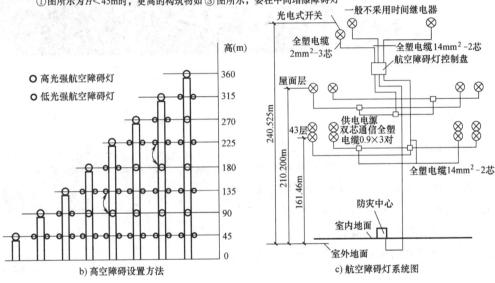

b) 高空障碍设置方法

c) 航空障碍灯系统图

图 5-70　障碍灯的安装

 本章小结及综述

　　本章主要讲述了建筑设备和照明设备的安装方法。

　　电动机是用户用得最多的电气设备之一，通过本章的学习，读者能够安装和校正电动机，并能够对电动机运行前后进行检查。

　　变压器是在交流电路中，将电压升高或降低的设备，通过本章的学习，读者能够按照设计施工图对变压器和箱式变电所设备进行安装。

　　本章所介绍的建筑照明安装主要是指建筑各类照明灯具的安装，通过本章的学习，读者能够掌握各类照明灯具的安装方法。

第**6**章

建筑电工安全用电技术

本章重点难点提示

1. 了解电工安全用电的基础知识，熟悉建筑施工现场临时用电的安全管理。
2. 了解建筑施工现场安全电压与安全电流。
3. 掌握建筑电气接地与接零技术。
4. 了解现代建筑防雷技术。
5. 掌握建筑电工触电的安全措施和急救方法。

6.1 电工安全用电

6.1.1 安全教育

从事电工工作必须接受安全教育，只有掌握电工基本的安全知识和工作范围内的安全操作规程，才能够参加电工的实际操作。

1. 电工人员应具备的自身条件

（1）必须身体健康、精神正常。凡是患有高血压、心脏病、气管喘息、神经系统疾病、色盲、听力障碍及四肢功能有严重障碍者，不得从事电工工作。

（2）国家正式的技能鉴定考试合格并持有电工操作证（图6-1）。

（3）必须学会和掌握触电急救技术。

a) 一级职业资格证书(高级技师)(浅棕色封面)

b) 二级职业资格证书(技师)(深棕色封面)

c) 三级职业资格证书(粉色封面)

d) 四级职业资格证书(蓝色封面)

e) 五级职业资格证书(绿色封面)

f) 特种作业操作证

图 6-1 职业资格证书和特种作业操作证

2. 电工人身安全知识

（1）在进行电气设备安装及维修操作时，必须严格遵守各种安全操作规程和规定。不得玩忽职守。

（2）在操作时，要严格遵守停电操作的规定，要切实做好防止突然送电时的各项安全措施，如挂上"有人工作，不许合闸！"的警示牌（图6-2），锁上闸刀或取下总电源保险器等。不准约定时间送电。

图 6-2 几种常见的警示牌

（3）在邻近带电部分操作时，要确保有可靠的安全距离。

（4）在操作前，应当仔细检查操作工具的绝缘性能，绝缘鞋、绝缘手套等安全用具的绝缘性能是否良好，有问题的应当立即更换，并应定期进行检查。

（5）登高工具必须安全可靠，未经登高训练的，不准进行登高作业。

（6）如发现有人触电，要立即采取正确的抢救措施。

3. 安全用电常识

维修电工不仅本人要具备安全用电知识，还要有宣传安全用电知识的义务和阻止违反安全用电行为发生的职责。安全用电知识主要内容如下：

（1）严禁用一线（相线）一地（大地）安装用电器具。

（2）在一个电源插座上不允许引接过多或是功率过大的用电器具和设备。

（3）未掌握有关电气设备和电气线路知识及技术的人员，不可以安装和拆卸电气设备及线路。

（4）严禁用金属丝（如钢丝）去绑扎电源线。

（5）不可以用潮湿的手去接触开关、插座及具有金属外壳的电气设备，不可用湿布去擦拭电器。

（6）堆放物资、安装其他设施或搬移各种物体时，必须与带电设备或带电导体相隔一定的安全距离。

（7）严禁在电动机和各种电气设备上放置衣物，不可以在电动机上坐立，不可以将雨具等挂在电动机或是电气设备的上方。

（8）在搬移电焊机、鼓风机、电风扇、洗衣机、电视机、电炉和电钻等可移动电器时，要先切断电源，更不可以拖拉电源线来搬移电器。

（9）在潮湿的环境中使用可移动电器时，必须采用额定电压为 36V 及其以下的低压电器。如果采用额定电压为 220V 的电气设备时，必须使用隔离变压器。如在金属容器（如锅炉）及管道内使用移动电器，则应使用 12V 的低压电器，并要加接临时开关，还要有专人在该容器外监视。低电压的移动电器应当装特殊型号的插头，以防误插入 220V 或 380V 的插座内。

（10）在雷雨天气，不可走近高压电杆、铁塔和接闪杆的接地导线周围，以防雷电伤人。切勿走近断落在地面上的高压电线，万一进入跨步电压危险区，要立即单脚或双脚并拢迅速跳到离接地点 10m 以外的区域，切不可奔跑，以防跨步电压伤人。

4. 设备运行安全知识

（1）对于已经出现故障的电气设备、装置及线路，不应当继续使用，以免事故扩大，必须及时进行检修。

（2）必须严格按照设备操作规程进行操作，在接通电源时必须先闭合隔离开关，再闭合负荷开关；断开电源时，应先切断负荷开关，再切断隔离开关。

（3）当需要切断故障区域电源时，要尽量缩小停电范围。有分路开关的，要尽量切断故障区域的分路开关，尽可能避免越级切断电源。

（4）电气设备通常都不能受潮，要有防止雨雪、水汽侵袭的措施。电气设备在运行时会发热，所以必须保持良好的通风条件，有的还要有防火措施。有裸露带电的设备，特别是高压电气设备要有防止小动物进入造成短路事故的措施。

（5）所有电气设备的金属外壳，均应有可靠的保护接地措施。凡有可能被雷击的电气设备，均要安装防雷设施。

5. 工厂安全用电基本知识

（1）不要随便乱动车间内的电气设备。自己使用的设备、工具，如果电气部分出了故障，应当请电工修理。不得擅自修理，更不得带故障运行。

（2）自己经常接触和使用的配电箱、配电板、闸刀开关、按钮开关、插座、插销以及导线等，必须保持完好、安全，不得有破损或是将带电部分裸露出来。

（3）各种操作电器的保护盖，在操作时必须盖好。

（4）电气设备的外壳应按有关安全规程进行防护性接地和接零。对接地和接零的设施要经常检查，保证连接牢固、接地和接零的导线没有任何断开的地方。

（5）移动某些非固定安装的电气设备，如电风扇、照明灯、电焊机等时，必须切断电源后再移动。

（6）使用手电钻、电砂轮等手用电动工具时，必须注意如下事项：

1）必须安设漏电保安器，同时工具的金属外壳应当进行防护性接地或接零。

2）使用单相的手用电动工具，其导线、插销、插座必须符合单相三眼的要求；使用三相的手用电动工具，其导线、插销、插座必须符合三相四眼的要求，其中一相用于保护性接零。严禁将导线直接插入插座内使用。

3）在操作时，应当戴好绝缘手套并站在绝缘板上。

4）不得将工件等重物压在导线上，防止轧断导线发生触电。

（7）使用的行灯（图6-3）要有良好的绝缘手柄和金属护罩。灯泡的金属灯口不得外露，引线要采用有护套的双芯软线，并装"T"形插头，避免插入高电压的插座上。一般场所，行灯的电压不得超过36V，在特别危险的场所，如锅炉、金属容器内、潮湿的地沟处等，其电压不得超过12V。

图6-3 使用行灯

（8）一般禁止使用临时线。在必须使用时，应经过技术安全部门批准。临时线应按有关安全规定安装好，不得随便乱拉乱拽。临时线还应在规定时间内拆除。

（9）进行容易产生静电火灾、爆炸事故的操作时（如使用汽油洗涤零件、擦拭金属板材等），必须有良好的接地装置，及时导除聚集的静电。

6.1.2 电气防火知识

近年来，电气火灾次数在我国的火灾总数中比例越来越大，一直呈现增长趋势。根据火灾形成条件不同，电气火灾可以分为工业用电火灾、家庭生活用电火灾，雷击火灾、静电火灾等。为了保护生命与财产的安全，要做好预防电气火灾的工作，一旦发生电气火灾要实行正确的扑救措施。

1. 电气火灾的成因

电气火灾发生的原因是多种多样的，如过载、短路、接触不良、电弧火花、漏电、雷电或是静电等。操作者主观上的疏忽大意、不遵守有关防火法规、违反操作规程等也是导致电气火灾的重要因素。电气火灾常见原因及具体情况见表6-1。

表6-1 电气火灾常见原因及具体情况举例

序号	常见原因	具 体 情 况
1	设备或线路发生短路故障	熔断器安装、接线疏忽引起的相间短路
		熔断器安装环境潮湿
		绝缘受损或线路对地电容增大,产生泄漏电流
2	负载过大或不平衡引起电气设备过热	熔断器过载引起电气设备过热
		线路实际载流量超过设计载流量,熔断器过载短路
		大量的单相设备使三相负载不平衡,设备烧毁
3	接触不良或断线引起过热	如接头连接不牢或不紧密、动触点压力过小等使接触电阻过大,在接触部位发生过热
		装设马虎、受风雨侵袭或某些机械原因使中性线中断
		非线性负荷(微波炉、电子镇流器等)零线电流超过额定电流
		中性线断裂,且绝缘受损,引起单相设备烧坏,产生电气火灾
4	通风散热不良	大功率设备缺少通风散热设施或通风散热设施损坏,造成过热
5	电器使用不当	电炉、电烙铁等未按操作规程要求使用,或用后忘记断开电源
6	电火花和电弧	有些电气设备就产生电火花、电弧,如大容量开关、接触器触点的分、合操作,都会产生电弧和电火花
7	静电积累	静电电荷不断积聚会形成很高的高位,在一定条件下,会对金属物或大地放电,产生有足够能量的强烈火花

2. 电气火灾的消防

（1）灭火的基本原理。由燃烧所必须具备的几个基本条件可知，灭火就是破坏燃烧条件使燃烧反应终止的过程。其基本原理归纳见表6-2。

表6-2 灭火的基本原理

序号	灭火方式	基 本 原 理
1	冷却灭火	对一般可燃火灾,将可燃物冷却到其燃点或闪点以下,燃烧反应就会终止。水的灭火机理主要是冷却作用
2	窒息灭火	降低燃烧物周围的氧气浓度可以起到灭火作用。通常使用的二氧化碳、氮气、水蒸气等灭火的机理主要是窒息作用
3	隔离灭火	火灾中,关闭有关阀门,切断流向着火区的可燃气体和液体通道;打开有关阀门,使已经发生燃烧的容器或受到火势威胁的容器中的液体可燃物通过管道导至安全区域,都是隔离灭火的措施
4	化学抑制灭火	灭火剂与链式反应的中间体自由基发生反应,使燃烧的链式反应中断,燃烧就不能持续进行。常用的干粉灭火器、卤代烷灭火剂的主要灭火机理就是化学抑制作用

（2）常用灭火器材。各种场合根据灭火需要，必须配置相应种类、数量的消防器材、设备、设施，如消防桶、消防梯、安全钩、沙箱（池）、消防水池（缸）、消火栓和灭火器。灭火器是一种可由人力移动的轻便灭火器具，能在其内部压力作用下将所充装的灭火剂喷出，用来扑灭火灾，它属于常规灭火器材。灭火器的分类见表6-3。

表6-3 灭火器的分类

分类方法	种　类
按其移动方式分	手提式灭火器
	推车式灭火器
按驱动灭火剂的动力来源分	储气瓶式灭火器
	储压式灭火器
	化学反应式灭火器
按所充装的灭火剂分	泡沫灭火器
	干粉灭火器
	二氧化碳灭火器
	清水灭火器
	卤代烷灭火器

（3）发生电气火灾的处理方法

1）电气设备发生火灾，首先要切断电源，然后进行灭火，并立即拨打119火警电话报警。扑救电气火灾时应当注意触电危险，要及时切断电源，通知电力部门派人到现场指导和监护扑救工作。

2）正确选择和使用电气灭火器。在扑救尚未确定是否断电的电气火灾或者无法切断电源时，应当选择适当的灭火器和灭火装置。应当立即采取带电灭火的方法，如选用二氧化碳、四氯化碳、1211、干粉灭火剂等不导电的灭火剂灭火（图6-4）。灭火器和人体与10kV及以下的导电体要保持0.7m以上的安全距离。灭火中要同时确保安全和防止火势蔓延。

3）在带电灭火时，应当使用喷雾水枪，同时要穿绝缘鞋，戴绝缘手套，水枪喷嘴应当可靠接地。

a) 二氧化碳灭火器　　b) 干粉灭火器

图6-4 灭火器

4）灭火人员应当站在上风位置进行灭火，当发现有毒烟雾时，应当马上戴上防毒面罩。凡是工厂转动设备和电气设备或器件着火，不准使用泡沫灭火器和沙土灭火。

5）如果火灾发生在夜间，应当准备足够的照明和消防用电。

6）室内着火时不要急于打开门窗，以防止空气流通而加大火势。只有做好充分的灭火准备后，才可以有选择地打开门窗。

7）当灭火人员身上着火时，灭火人员可就地打滚或是撕脱衣服；不能用灭火器直接向灭火人员身上喷射，而应使用湿麻袋、石棉布或湿棉被将灭火人员覆盖。

3. 常用安全标志

公共场所经常有各种安全标志，我们应了解这些标志的意义，在发生室内火灾时，应当根据安全标志的提示，及时疏散群众，使其脱离火灾现场。常用安全标志见表6-4。

表6-4　常用安全标志

名称及图形符号	设置范围和地点	名称及图形符号	设置范围和地点
注意安全	本标准警告标志中没有规定的易造成人员伤害的场所及设备等	避险处	铁路桥、公路桥、矿井及隧道内躲避危险的地点
禁止穿带钉鞋	有静电火花会导致灾害或有触电危险的作业场所,如有易燃易爆气体或粉尘的车间及带电作业场所	禁止戴手套	戴手套易造成手部伤害的作业地点,如旋转的机械加工设备附近
禁止启动	暂停使用的设备附近,如设备检修、更换零件等	禁止合闸	设备或线路检修时,相应开关附近
禁止攀登 高压危险	不允许攀爬的危险地点,如有坍塌危险的建筑物、构筑物、设备旁	禁止靠近	不允许靠近的危险区域,如高压实验区、高压线、输变电设备的附近
禁止抛物	抛物易伤人的地点,如高处作业现场、深沟等	禁止穿化纤服装	有静电火花会导致灾害或炽热物质的作业场所,如冶炼、焊接及有易燃易爆物质的场所等

（续）

名称及图形符号	设置范围和地点	名称及图形符号	设置范围和地点
配电重地 闲人莫进	不允许靠近的危险区域配电设备的附近	当心绊倒	地面有障碍物,绊倒易造成伤害的地点
当心滑跌	地面有易造成伤害的滑跌地点,如地面有油、冰、水等物质及滑坡处	当心扎脚	易造成脚部伤害的作业地点,如铸造车间、木工车间、施工工地及有尖角散料等处
当心电缆	在暴露的电缆或地面有电缆处施工的地点	当心爆炸	易发生爆炸危险的场所,如易燃易爆物质的生产、储运、使用或有受压容器等的地点
当心火灾	易发生火灾的危险场所,如可燃物质的生产、储运、使用等地点	当心机械伤人	易发生机械卷入、轧压碾压剪切等机械伤害的作业地点
必须穿防护鞋	易伤害脚部的作业场所,如具有腐蚀、灼烫、触电等危险的作业地点	必须戴防护手套	易伤害手部的作业场所,如具有腐蚀、污染、灼烫、冰冻及触电危险作业等地点
必须系安全带	易发生坠落危险的作业场所,如高处建筑、修理、安装等地点	必须戴安全帽	头部易受外力伤害的作业场所,如矿山,建筑工地、伐木场、造船厂及起重吊装处等

6.2 建筑施工现场临时用电安全管理

6.2.1 临时用电安全管理制度及安全技术档案

1. 电气维修制度

（1）只准全部（操作范围内）停电工作、部分停电工作，不准进行不停电工作。维修工作要严格执行电气安全操作规程。

（2）不准私自维修不了解内部原理的设备及装置，不准私自维修厂家禁修的安全保护装置，不准私自超越指定范围进行维修作业，不准从事超越自身技术水平且指导人员不在场的电气维修作业。

（3）不准在本单位不能控制的线路及设备上工作。

（4）不准随意变更维修方案而使隐患扩大。

（5）不准酒后或是有过激行为之后进行维修作业。

（6）对施工现场所属的各类电动机，每年必须清扫、注油或是检修一次。对变压器、电焊机，每半年必须进行清扫或检修一次。对一般低压电器、开关等，每半年维修一次。

2. 工作监护制度

（1）在带电设备附近工作时必须设专人监护。

（2）在狭窄及潮湿场所从事用电作业时必须设专人监护。

（3）在登高用电作业时，必须设专人监护。

（4）监护人员应当时刻注意工作人员的活动范围，督促其正确使用工具，并与带电设备保持安全距离。发现违反电气安全规程的做法应及时纠正。

（5）监护人员的安全知识及操作技术水平不得低于操作人。

（6）监护人员在执行监护工作时，应当根据被监护工作情况携带或使用基本安全用具或是辅助安全用具，不得兼做其他工作。

3. 安全用电技术交底制度

（1）进行临时用电工程的安全技术交底，必须分部分项目按进度进行。不准一次性完成全部工程交底工作。

（2）设有监护人的场所，必须在作业前对全体人员进行技术交底。

（3）对电气设备的试验、检测、调试前，检修前及检修后的通电试验前，必须进行技术交底。

（4）对电气设备的定期维修前、检查后的整改前，必须进行技术交底。

（5）交底项目必须齐全，包括：使用的劳动保护用品及工具，有关法规内容，有关安全操作规程内容和保证工程质量的要求，以及作业人员活动范围和注意事项等。

（6）填写交底记录要层次清晰，交底人、被交底人及交底负责人必须分别签字，并且准确注明交底的时间。

4. 安全检测制度

（1）测试工作接地及防雷接地电阻值，必须每年在雨季前进行。

（2）测试重复接地电阻值必须每季至少进行一次。

（3）更换和大修设备或是每移动一次设备，应当测试一次电阻值。测试接地电阻值工作前必须切断电源，断开设备接地端。在操作时，不得少于两人，禁止在雷雨时及降雨后测试。

（4）每年必须对漏电保护器进行一次主要参数的检测，不符合铭牌值范围时应当立即更换或是维修。

（5）对电气设备及线路、施工机械电动机的绝缘电阻值，每年至少检测两次。摇测绝缘电阻值，必须使用与被测设备、设施绝缘等相适应的（按安全规程执行）绝缘摇表。

（6）检测绝缘电阻前必须切断电源，至少两人操作。禁止在雷雨时摇测大型设备和线路的绝缘电阻值。检测大型感性和容性设备前后，必须按照规定方法放电。

5. 电工及用电人员的操作制度

（1）禁止使用或安装木质配电箱、开关箱、移动箱。电动施工机械必须实行"一闸一机一漏一箱一锁"。而且开关箱与所控固定机械之间的距离不得大于 5m。

（2）严禁以取下（给上）熔断器方式对线路停（送）电。严禁维修时约时送电。严禁以三相电源插头代替负荷开关启动（停止）电动机运行。严禁使用 200V 电压行灯。

（3）严禁频繁按动漏电保护器及私拆漏电保护器。

（4）严禁长时间超铭牌额定值运行电气设备。

（5）严禁在同一配电系统中一部分设备做保护接零，另一部分做保护接地。

（6）严禁直接使用刀闸启动（停止）4kW 以上电动设备。严禁直接在刀闸上或是熔断器上挂接负荷线。

6. 安全检查评估制度

（1）项目经理部安全检查每月应当不少于三次，电工班组安全检查每日进行一次。

（2）各级电气安全检查人员，必须在检查后对施工现场用电管理情况进行全面评估，找出不足并做好记录，每半月必须归档一次。

（3）各级检查人员要以国家的行业标准及法规为依据，以有关法规为准绳，不得与法规、标准或上级要求发生冲突，不得凭空杜撰或以个人好恶为尺度进行检查评估，必须按照规定要求评分。

（4）检查的重点是：电气设备的绝缘有无损坏；线路的敷设是否符合规范要求；绝缘电阻是否合格；设备裸露带电部分是否有防护；保护接零或接地是否可靠；接地电阻值是否在规定范围内；电气设备的安装是否正确、合格；配电系统设计布局是否合理，安全间距是否符合规定；各类保护装置是否灵敏可靠、齐全有效；各种组织措施、技术措施是否健全；电工及各种用电人员的操作行为是否齐全，有无违章指挥等情况。

（5）电工的日常巡视检查必须按照《电气设备运行管理准则》等要求认真执行。

（6）对各级检查人员提出的问题，必须立即制定整改方案进行整改，不得留有事故隐患。

7. 安全教育和培训制度

（1）安全教育必须包含用电知识的内容。

（2）没有经过专业培训、教育或经教育、培训不合格及未领到操作证的电工及各类主要用电人员不准上岗作业。

（3）专业电工必须两年进行一次安全技术复试。不懂安全操作规程的用电人员不准使用电动器具。用电人员变更作业项目必须进行换岗用电安全教育。

（4）各施工现场必须定期组织电工及用电人员进行工艺技能或操作技能的训练，坚持"干什么，学什么，练什么"。采用新技术或是使用新设备之前，必须对有关人员进行知识、技能及注意事项的教育。

（5）施工现场至少每年进行一次吸取电气事故教训的教育。必须坚持每日上班前和下班后进行一次口头教育，即班前交底、班后总结。

（6）施工现场必须根据不同岗位，每年对电工及各类用电人员进行一次安全操作规程的闭卷考试，并且将试卷或成绩名册归档。不合格者应当停止上岗作业。

（7）每年对电工及各类用电人员的教育与培训，累计时间不得少于7天。

8. 电器及电气料具使用制度

（1）对于施工现场的高、低压基本安全用具，必须按照国家颁布的安全规程使用与保管。禁止使用基本安全用具或辅助安全用具从事非电工工作。

（2）现场使用的手持电动工具和移动式碘钨灯必须由电工负责保管、检修。用电人员每班用毕交回。

（3）现场备用的低压电器及保护装置必须装箱入柜。不得到处存放、着尘受潮。

（4）不准使用未经上级鉴定的各种漏电保护装置。使用上级（劳动部门）推荐的产品时，必须到厂家或是厂家销售部联系购买。不准使用假冒或劣质的漏电保护装置。

（5）购买与使用的低压电器及各类导线必须有产品检验合格证，且为经过技术监督局认证的产品。并将类型、规格、数量统计造册，归档备查。

（6）专用焊接电缆由电焊工使用与保管。不准沿路面明敷使用，不准被任何东西压砸。在使用时，不准盘绕在任何金属物上。在存放时，必须避开油污及腐蚀性介质。

9. 宿舍安全用电管理制度

现阶段建筑施工队伍中的农民工素质较低，难于管理，而且每天吃住在工地，宿舍内电线私拉乱接，并把衣服、手巾晾在电线上，冬天使用电炉取暖，夏天将小风扇接进蚊帐，常因为用电量太大或漏电，而将熔断器用铜丝连接或是将漏电保护器短接，这些不规范的现象极易引起火灾、触电事故等，因此必须对宿舍用电加以规定，用制度约束管理他们。

宿舍安全用电管理制度应规定宿舍内可以使用什么电器，不可以使用什么电器；严禁私拉乱接，宿舍内接线必须由电工完成，严禁私自更换熔丝，严禁将漏电保护器短接。同时还应当规定处罚措施。

10. 工程拆除制度

（1）拆除临时用电工程必须定人员、定时间、定监护人、定方案。在拆除前必须向作业人员进行交底。

（2）拉闸断电操作程序必须符合安全规程要求，即"先拉负荷侧，后拉电源侧；先拉断路器，后拉刀闸"等停电作业要求。

（3）使用基本安全用具、辅助安全用具、登高工具等作业，必须执行安全规程。在操作时，必须设监护人。

（4）拆除的顺序是：先拆负荷侧；后拆电源侧；先拆精密贵重电器，后拆一般电器。不准留下经合闸（或是接通电源）就带电的导线端头。

（5）必须根据所拆设备情况，佩戴相应的劳动保护用品，采取相应的技术措施。

（6）必须设专人做好点件工作，并将拆除情况资料整理归档。

11. 安全技术档案

（1）安全技术档案的内容

1）现场临时用电施工组织设计的全部资料有：从现场勘测得到的全部资料；用电设备负荷的计算资料；变配电所设计资料；配电线路；配电箱及工地接地装置设计的内容；防雷设计；电气设计的施工图等重要资料。

2）修改后实施的临时用电施工组织设计的资料，包括补充的图纸、计算资料。

3）技术交底资料有：

① 当施工用电组织设计被审核批准后，应当向临时用电工程施工人员进行技术交底，交底人与被交底人双方要履行签字手续。

② 对外电线路的防护，应当编写防护方案。

③ 对于自备发电机，应写出安全保护技术措施，绘制联锁装置的接线系统图。

4）临时用电工程检查与验收。当临时用电工程安装完毕后，应当进行验收。临时用电工程分阶段安装的，应当实施分阶段验收。验收一般由项目经理、项目工程师、工长组织电气技术人员、安全员和电工共同进行。对查出的问题、整改意见都要记录下来，并填写"临时用电工程检查验收表"。对存在的问题，期限整改完成以后，再组织验收。合格之后，填写验收意见和验收结论，参加验收者应签字。

5）电气设备的调试、测试、检验资料有：

① 现场有高压设备时，变压器的各种试验结果；油开关、少油开关的试验结果；高压绝缘子的试验报告及高压工具的试验结果等资料。

② 自备发电机时，发电机的试验结果。

③ 各种电气设备的绝缘电阻测定记录。

④ 漏电保护器的定期试验记录。

6）接地电阻测定记录。

7）定期检查表。可以采用《建筑施工安全检查标准》（JGJ 59—2011）中的"施工用电检查评分表"及"施工用电检查记录表"。

8）电工维修工作记录。电工在对临时用电工程进行维修工作后，应当及时认真做好记录，注明日期、部位和维修的内容，并妥善保管好所有的维修记录。临时用电工程拆除后交负责人统一归档。

（2）安全技术档案记录

1）施工现场电工人员登记记录，见表6-5。

表6-5 电工人员登记表

工程名称：_____   日期：_____

序号	姓名	性别	年龄	文化程度	职务	取证时间	发证机关	操作证号	进场时间	备注

制表人：_____

2）施工现场电气、导线材料登记记录，见表6-6。

表6-6 电气、导线材料登记表

工程名称：_____   _____年度

序号	器材名称	规格型号	生产厂家、日期	检验状态	进场日期	备注

制表人：_____

3）现场临时用电安全教育记录，见表6-7。

表6-7 临时用电安全教育记录

工程名称：_____

时间		教育类别		授课（时）	
教育者			受教育者		
教育内容：					
			记录人：_____		
班组长 （或受教育者） 签字：					

教育类别：三级教育，专业技能，操作规程，季节性、节假日、经常性教育等。

4）现场临时用电施工组织设计变更记录，见表 6-8。

表 6-8　临时用电施工组织设计变更表

单位名称		工程名称		日期	年　　月　　日	
更改原因						
更改内容						
设计变更人		审核人		接收人		

5）现场临时用电安全技术交底记录，见表 6-9。

表 6-9　临时用电安全技术交底记录

施工单位		建设单位	
工程名称		分项工程名称	
交底内容：			
工地负责人		交底人		班组名称	
安全负责人		被交底人		日期	

6）施工现场电工值班记录，见表 6-10。

表 6-10　现场电工值班记录

年　　月　　日

工程名称		值班电工	
值班情况记载	机电电气运行情况：		

（续）

值班情况记载	供、配电线路检查：
备注	

7）现场电气设备维修记录，见表 6-11。

表 6-11　电气设备维修记录

工程名称：_____　　　　　　　　　　　　　　　　　　　　维修日期：_____

维修项目		维修人员	
维修情况记载	故障或损坏情况：		
	检修措施：		
	检修结果：		
备注			

电气负责人：_____　　　　　　　　　　　　　　　　　　　　记录：_____

8）现场临时用电设备调试记录，见表 6-12。

表 6-12　临时用电设备调试记录

单位名称		工程名称		日期	年　　月　　日	
设备名称		设备型号		安装地点		
主要调试过程：						
结论及处理意见：						
填表人		调试人		验收人		

9）现场漏电开关检测记录，见表 6-13。

表 6-13　现场漏电开关检测记录

工程名称：_____　　　　　　　　　　　　　　　　测试时间：　　年　　月　　日

序号	配电箱编号、设备名称与编号	被保护设备功率/kW	漏电开关检测				备注
			接线	动作电流/mA	动作时间/s	动作可靠性	

注：1. 接线合格打"√"，不合格打"×"；电源、负荷线接线位置牢固可靠，导体及漏电开关无外露导电部分为接线合格。
　　2. 按下试验按钮，漏电开关立即起跳为可靠性检验合格。

检测人：_____

10）现场临时用电接地电阻测试记录，见表6-14。

表 6-14　现场临时用电接地电阻测试记录

工程名称		分项工程名称		仪表型号	
工程编号		测验日期			
接地电阻/Ω					
接地名称					
接地类别	规定电阻值/Ω	实测电阻值/Ω	季节系数	测定结果	备注

专业施工负责人：_____　　　安全员：_____　　　班组长：_____

11）现场电气绝缘电阻测试记录，见表6-15。

表 6-15　现场电气绝缘电阻测试记录

测验日期：　　年　　月　　日

工程名称		工程编号		工作电压/V	220~380	评定结论	
分项工程名称		图号		仪表型号			
绝缘电阻/MΩ							
设备名称							
回路编号	阻值	阻值	阻值	阻值	阻值	阻值	阻值 阻值 阻值 阻值 阻值 阻值
相别							
A　B							
B　C							
C　A							
A　O							
B　O							
C　O							
A　地							
B　地							
C　地							
测验结果							
问题及处理意见							

专业施工负责人：_____　　　安全员：_____　　　班组长：_____

12）现场临时用电工程检查验收记录，见表 6-16。

表 6-16 临时用电工程检查验收表

工程名称：_____   年   月   日

检查验收项目	照明装置	部位	
检查验收内容	1. 有金属外壳的灯具做保护接零,配件使用镀锌件 2. 室外灯具距地面 3m,室内灯具距地面 2.4m,插座接线符合规范要求 3. 螺口灯头及接线 (1) 相接线在与中心接头边一端,零线接在螺纹口相连一端 (2) 灯头的绝缘外壳无损伤和漏电 (3) 灯具相线经拉线开关控制,拉线开关距地面 2.5m,与门口水平距离 0.2m,拉线出口向下			
验收结果				
验收人员会签	技术经理	临电设计人	安设部	项目安全员	电气工长	电气班长

13）现场临时用电定期检查记录，见表 6-17。

表 6-17 临时用电定期检查记录

单位名称		工程名称		日期	年 月 日
检查单位					
检查项目或部位					
参加检查人员					
检查记录：					
检查结论及整改措施：					
检查负责人			被检查负责人		

14）现场临时用电复查验收记录，见表6-8。

表 6-18 临时用电复查验收表

单位名称		工程名称		日期		年　月　日
检查单位		参加人员				
复查内容：						
实际整改措施：						
复查结论：						
复查负责人			被复查负责人			

15）现场临时用电检查、整改记录，见表6-19。

表 6-19 现场临时用电检查、整改记录

_____工程项目部　　　　　　　　　　　　　　　　　　　年　　月　　日

参加检查人员	
存在问题(隐患)：	
整改措施： 落实人：	
复查结论： 复查人：	

记录：_____

16）现场临时用电安装巡检维修拆除记录，见表6-20。

表6-20 临时用电安装巡检维修拆除工作记录

单位名称		工程名称		日期	年　月　日
安装巡检维修拆除原因：					
安装巡检维修拆除措施：					
结论意见：					
记录人		安装维修拆除负责人		验收人	

17）现场临时用电漏电保护器测试记录，见表6-21。

表6-21 临时用电漏电保护器测试记录

单位名称		工程名称		
安装位置		规格型号		
测试项目	测试方法	测试结论	测试日期	备注

18）现场临时用电安全检查评分记录，见表6-22。

表 6-22 施工现场检查评分记录表

（临时用电安全部位）

施工单位： 工程名称： 年 月 日

序号		检查项目	检查情况	标准分值	评定分值
1	线路照明	施工区、生活区架设配电线路应符合有关规范		5	
2		施工区、生活区按规范装设照明设备		5	
3		照明灯具和低压变压器的安装使用符合规定		5	
4		特殊部位的内外电线路按规范采取安全防护		5	
5	配电箱	施工区实行分级配电,配电箱、开关箱位置合理		5	
6		配电箱、开关箱和内部设置符合规定		5	
7		箱内电气完好,选型定值合理,标明用途		5	
8		箱体牢固、防雨、内无杂物、整洁、编号,停电后断电加锁		5	
9	保护	配电系统按规范采用接零或接地保护系统		5	
10		电气施工机具做可靠接零或接地		5	
11		现场的高大设施按规范要求装设避雨装置		5	
12		配电箱、开关箱设两极漏电保护、选型符合规定		5	
13		值班电工人防护用品穿戴齐全,持证上岗		5	
14	机具	施工机具电源线压接牢固整齐,无乱拉、扯、压砸现象		5	
15		手持电动工具绝缘完好,电源线无接头损坏		5	
16		电焊机及一二次线防护齐全,焊把线双线到位,无破损		8	
17	资料	临时用电有设计书(方案)和管理制度		5	
18		配电系统有线路走向、配电箱分布及接线图		5	
19		电工值班室有值班、设备检测、验收、维修记录		5	

应得分： 实得分： 得分率： 折合标准分值：

检查员签字：

6.2.2 临时变配电装置安全要求

（1）临时配电室的选址应当靠近电源，交通运输应方便，尽量接近负荷中心，并便于线路的引入、引出及安装。变配电所不得受洪水冲浸，不积水，地面排水坡度不小于0.5%，并应当避开易燃、易爆、污秽严重的地段。

（2）变压器室、控制室及配电室的建筑应防雨、防风沙、防火且等级不低于三级，变压器室不低于二级；应便于通风且采用百叶窗或窗口装设金属网，网孔不大于 10mm×10mm；采光的窗户口下檐与室外地坪高度和不应小于 1.8m，门一律向外开且高度和宽度应便于设备出入。室内的面积及高度应当满足变配电装置的维修与操作所需要的安全距离，其他设置也应符合国家现行标准的要求。

（3）400kV·A 及以下的变压器，可以在杆上安装，其底部距地面的高度不应小于2.5m。400kV·A 以上的变压器应落地安装在高于地面 0.5m 的平台上，四周应当装设高度不小于 1.7m 的围栏，围栏与变压器外廓的距离不得小于 1m，并在显著部位悬挂警告牌，以提示人们注意。变压器的中性点及外壳必须可靠接地，接地电阻不大于 4Ω。

（4）变压器高低压侧应当装设熔断器，高压侧熔断器与地面的垂直距离不小于 4.5m，低压侧熔断器不小于 3.5m。各相熔断器间的水平距离，高压不小于 0.5m，低压不小于 0.3m。

（5）人行道树木间的变压器台，最大风偏时，带电部位与树梢间的最小距离，高压不小于 2m，低压不小于 1m。

（6）变压器的引线与电缆连接时，电缆头均不得与变压器外壳直接接触，同时应当做好接地。

（7）箱式变电所其箱体外壳应有可靠的接地，连接部位应当符合产品的技术要求。装有仪表和继电器的箱门必须与壳体可靠连接。箱式变电所投入运行之前，必须对其内部电气设备进行检查和电气性能试验，经验收合格后方可以投入运行使用。

（8）配电柜应当装设电度表，并应当装设电流表、电压表。电流表与计量电能表不得共用一组电流互感器。

（9）配电室应当保持整洁，不得堆放任何妨碍操作的建筑器材、设备等杂物。

6.2.3 临时配电箱、开关箱安全要求

（1）临时配电系统应设置配电柜、总配电箱。总配电箱以下可设置若干个分配电箱；分配电箱以下可以设置若干个开关箱。

总配电箱应设置在靠近电源的区域，分配电箱应当设置在用电设备或负荷相对集中的区域，分配电箱与开关箱的距离不得超过 30m，开关箱与其控制的固定式用电设备的水平距离不宜超过 3m。

（2）配电箱、开关箱应安装牢固，且便于操作和维修。落地安装的要位于平坦地面且高出地面 150~200mm，周围不得堆放杂物或杂草丛生。室外安装的配电箱、开关箱应当有防雪防雨措施。配电箱、开关箱必须加锁。

（3）配电箱、开关箱必须用优质钢板或优质绝缘材料制成，钢板厚度应当大于 1.5mm，有防雨措施。其进出线口应当在箱体的下面或侧面并有绝缘护口。垂直向上引出引入的导线其管口处应当设防水弯头，防止雨水落入。

（4）箱内的导线绝缘性能良好、排列整齐、固定牢固，导线端头应用螺栓连接或压接，导线及开关的容量应当与铭牌数据相符。箱内的接触器、刀开关、断路器等电气设备应绝缘性能良好、动作灵活，接触良好可靠，触头不得有严重烧蚀现象。

（5）3 个回路以上的配电箱应设总刀开关及分路刀开关，每一分路刀开关不应接 2 台及 2 台以上电气设备，必须做到一机一闸，且不应供 2 个或 2 个以上作业班组使用。动力、照明合一的箱内应当分别装设刀开关或是开关控制，并设计量装置。

（6）配电箱、开关箱须设置漏电保护装置，总箱和分箱或是总开关与分路开关的两级漏电保护装置应有分级保护功能。总开关、每个分路开关必须分别设置漏电装置。漏电保护器额定漏电动作电流应不大于 30mA，额定漏电动作时间应小于 0.1s。用于潮湿、腐蚀介质场所的漏电保护器应使用防溅型产品，额定动作电流不大于 15mA，额定动作时间小

于 0.1s。

（7）手动开关元件只允许直接控制照明电路和容量不大于 5.5kW 的动力电路，大于 5.5kW 的动力电路应当采用断路器，大于 13kW 的电动机应采用间接起动装置。

（8）箱柜必须设置良好的接零、接地装置，其接地电阻必须符合要求。

6.2.4　临时供配电线路安全要求

1. 架空线路

（1）临时架空线必须架设在专用电杆上，严禁架设在树木、脚手架及其他设施上。电杆应当采用钢筋混凝土杆，钢筋混凝土杆不得露筋、不得有环向裂纹及扭曲等缺陷。

（2）电杆埋设不得有倾斜、下沉及杆基积水等现象，否则须安装底盘和卡盘。在回填土时要将土块打碎，每回填 0.5m 夯实一次，杆坑处要培土夯实，其高度应当超出地面 0.3m。电杆埋设深度应当符合表 6-23 的规定。装设变压器的电杆，其埋深不应小于 2m。

表 6-23　临时用电线路电杆的埋设深度　　　　　　　　　　　　（单位：m）

杆高	8.0	9.0	10	11	12	13
埋深	1.5	1.6	1.7	1.8	1.9	2.0

（3）临时拉线埋设坑深为 1.2~1.5m，拉线与电杆的夹角不得小于 45°，当受地形限制时不得小于 30°。终端的拉线及耐张杆承力拉线与线路的方向应对正，分角拉线与线路分角方向应对正。防风拉线应与线路方向垂直。拉线从导线之间穿过时，拉线上把应当装设拉紧绝缘子，绝缘子的距地面高度不应当小于 2.5m。拉线不得影响交通及施工，在必要时，应当有防护措施。

（4）供电线路路径选择要合理，要避开易碰、易撞、易受雨水冲刷和气体腐蚀地带，须避开热力管道、河道和施工中交通频繁地带等不易架设或是有碍运行的场所或环境。

（5）现场内的低压架空线路在人员频繁活动区域或大型机具集中作业区，须采用绝缘导线，架高应当不小于 6m。缘绝导线不得成束架空敷设，不得直接捆绑在电杆、树木、脚手架上，更不得拉在地面上。缘绝导线在必须埋地敷设时，应当穿钢管保护，且管内不得有接头，其管口应密封以防灌水。

（6）导线截面的选择必须满足导线中的最大负荷电流不得大于导线允许载流量，线路末端的电压降不大于额定值的 5%。导线跨越铁路、公路或其他电力线路时，铜绞线截面面积不得小于 16mm^2，钢芯铝绞线不得小于 25mm^2，铝绞线不得小于 35mm^2。

（7）线路相互交叉架设时，不同线路导线之间最小垂直距离应符合表 6-24 的规定。

表 6-24　线路交叉时导线之间最小垂直距离　　　　　　　　　　（单位：m）

交叉电力线路电压 ＼ 线路电压/kV	<1	1~10
<1	1	2
1~10	2	2

(8) 线路导线与地面的最小距离，在最大弧垂时应当符合表 6-25 的规定。线路导线在最大弧垂和最大风偏时与建筑凸出部分的最小距离应符合表 6-26 的规定。

表 6-25 架空线路距地面的安全距离 （单位：m）

线路经过地区 ＼ 线路电压/kV	<1	6~10	35~100	220
居民区	6	6.5	7	7.5
非居民区	5	5.5	6	6.5
非交通区或交通困难区	4	4.5	5	5.5

表 6-26 架空线路与建筑物凸出部分之间的最小安全距离

项　目	线路电压/kV				
	<1	1~10	35	110	220
垂直距离/m	2.5	3.0	>5	>5	>5
边导线水平距离/m	1.0	1.5	3	4	5

(9) 现场内，不同电压等级的线路同杆架设时，高压线路必须位于低压线路上方，电力线路必须位于通信线路上方。同杆架设的线路其横担最小垂直距离应当符合表 6-27 的规定。

表 6-27 同杆架设线路横担最小垂直距离

同杆线路	直线杆/m	分支杆或转角杆/m
0.4kV 与 0.4kV	0.6	0.3
0.4kV 与通信线	1.2	—
0.4kV 与 10kV	1.2	1.0
10kV 或 10kV	0.8	0.45/0.6[①]

① 转角杆或分支线为单回路，其分支线横担距主干线横担为 0.6m；为双回路时，其分支线横担距上排主干线横担为 0.45m，距下排主干线横担为 0.6m。

(10) 线路同一档距内，一根导线的接头不得多于 1 个；同线路在同一档距内的接头总数不应超过 2 个。

(11) 线路的弧垂应当根据档距、导线截面面积、当地气候情况来确定，最大风偏时不得有相间短路，同时应当符合国家现行标准中安装曲线的规定。

(12) 10kV 及以上的线路必须经当地供电部门验收合格方可送电运行。

2. 电缆线路

(1) 临时电缆线路使用的电缆必须包含全部工作芯线和用作保护零线的芯线。需要三相四线制配电的电缆线路必须采用五芯电缆。五芯电缆必须包含淡蓝、绿/黄两种颜色绝缘芯线。淡蓝色芯线必须用作 N 线；绿/黄双色芯线必须用作 PE 线，严禁混用。

(2) 建筑施工现场的临时电缆线路应采用埋地或架空敷设，严禁沿地面明设，并应当避免机械损伤和介质腐蚀。

(3) 电缆埋设路径的转角处和直线段每隔20m处应设电缆方位标志，标志通常为混凝土桩，标注内容有电压、截面面积、容量、走向、用处等。

（4）电缆直埋表面距地面的距离不应当小于0.7m，电缆上下应当铺以软土或是细砂，其厚度不得小于100mm，上面盖砖保护。与铁路、道路、公路交叉时，应敷设在钢管内保护，钢管两端应伸出路基2m，管口应当封墙，严禁防灌。

（5）电缆直埋时，电缆之间，电缆与其他管道、道路、建筑物之间平行和交叉时的最小距离应符合安全规定。严禁将电缆平行敷设于管道的上方或者下方，遇有特殊情况必须进行处理。

1）电缆在交叉点前后1m范围内，将电缆穿入管中或用隔板隔开，其交叉距离可以减为0.25m。

2）电缆与热力管道、管沟及热力设备平行、交叉时，须采取隔热措施，使电缆周围土壤的温升不超过10℃。

3）电缆与热力管道、油管道、可燃气体及易燃液体管道、热力设备或其他管道、管沟之间，虽距离能够满足要求，但检修管路有可能伤及电缆时，这时在交叉点前后1m范围内，必须采取保护措施。当交叉距离不能满足要求时，必须将电缆穿入管中，其距离可减为0.25m。

（6）低压电缆需架空敷设时，可以沿建筑物、构筑物架设，架设高度不应当低于2m，接头处应当有良好绝缘性能并有防水措施。

（7）进入变配电所的电缆沟或保护管，在电缆敷设完后应当将其沟口、管口处封堵严实，以防灌水或是小动物进入。

（8）临时用电的电缆，其电缆头的制作必须按照正规工艺要求进行。制作好的电缆头必须进行绝缘电阻的测量和耐压试验，合格后才能够投入使用。

（9）10kV及以上电源电缆必须由当地供电部门验收，合格才可以投入使用。

6.2.5 临时用电动工具安全要求

（1）长期停用或新领用的移动式、手持式电动工具在使用前应当进行检查，并测试绝缘电阻。通电前必须做好保护接地或保护接零。

（2）移动式、手持式电动工具的电源必须装设高灵敏动作的单独的漏电保护装置，也可以用漏电插座。

（3）电动工具应有单独的电源开关和保护装置，严禁一台开关接2台及2台以上的电动工具。电动工具的电源开关应当采用双刀开关，并安装在便于操作的地方。当采用插座插头接通时，使用的插头、插座应当无损伤、无裂纹，且绝缘性能良好、接线正确。

（4）电源线必须采用铜芯多股橡套软电缆或聚氯乙烯绝缘聚氯乙烯护套软电缆。电缆应当避开热源，且不得拖拉于地面上。当无法满足上述要求时，应当采用防护措施，一般为穿管保护。

（5）电动工具使用完毕或者使用中因故暂停作业或突然停电，均应将电源开关断开。使用中需要移动，不得手提电源线或转动部分。使用电动工具作业时应当戴绝缘手套或是站在绝缘物上。

（6）在使用电焊机械时，必须远离易燃、易爆物品，穿戴合格的安全防护用品，严禁冒雨从事电焊作业。

6.3 建筑施工现场安全电压与安全电流

1. 安全电压

安全电压通常是指人体较长时间接触而不致发生触电危险的电压。国家标准规定 42V、36V、24V、12V、6V 为安全电压，这是为防止触电而采用的供电电压系列。实际工作中应当根据使用环境、人员和使用方式等因素选用电压值。如在有触电危险的场所使用的手持电动工具等可以采用 42V；矿井、多导电粉尘、潮湿环境和金属占有系数大于 20%、久热高温的建筑物内可以采用 36V 灯；特别潮湿、有腐蚀性蒸汽、煤气或游离物的场所及某些人体可能偶然触及的带电设备，可以选用 24V、12V、6V 作为安全电压。

2. 安全电流

当工作频率为 50Hz 时，流过人体的电流不得超过 10mA，所以，规定 10mA 为安全电流。

如果通过人体的交流电流超过 20mA 或是直流电流超过 80mA，就会使人感觉麻痛或是剧痛、呼吸困难，自己不能摆脱电源，会有生命危险。随着电流的增大，危险性也增大，当有 100mA 以上的工频电流通过人体时，人在很短的时间里就会窒息，心脏停止跳动，失去知觉，出现生命危险。

6.4 我国低压三相交流供电系统的三种供电方式

1. TN-C 系统（三相四线制）

配电线路中性线 N 与保护线 PE 接在一起，电气设备不带电金属部分与之相接，如图 6-5所示，保护线与中性线合并为 PEN 线。在这种系统中，当某相线因绝缘损坏而与电气设备外壳相碰时，形成较大的单相对地短路电流，引起熔断器熔断切除故障线路，从而起到保护作用。这种接线保护方式适用于三相负荷比较平衡且单相负荷不大的场所，在工厂低压设备接地保护中使用相当普遍。

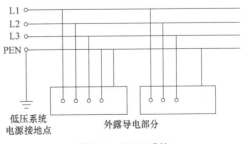

图 6-5 TN-C 系统

2. TN-S 系统（三相五线制）

配电线路中性线 N 与保护线 PE 分开，电气设备的金属外壳接在保护线 PE 上，如图 6-6

所示。在正常情况下,PE 线上没有电流流过,不会对接在 PE 线上的其他设备产生电磁干扰。这种接线适用于环境条件较差、安全可靠要求较高以及设备对电磁干扰要求较严的场所。

3. TN-C-S 系统(三相四线与三相五线混合供电制)

该系统是 TN-C 和 TN-S 系统的综合,电气设备大部分采用 TN-C 系统接线,在设备有特殊要求的场合,局部采用专设保护线接成 TN-S 形式,如图 6-7 所示。在靠近电源侧一段的保护线和中性线合并为 PEN 线,从某点以后分为保护线和中性线。

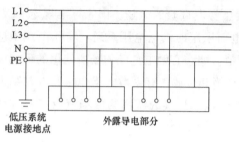

图 6-6 TN-S 系统

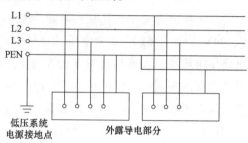

图 6-7 TN-C-S 系统

6.5 建筑电气接地与接零技术

接地即将电气设备的外壳和正常时不带电而事故情况下可能带电的金属部位与大地连接,如果与零线连接叫作接零。接地和接零虽然均为安全保护措施,但是它们实现保护作用的原理却不同。简单地说,接地是将故障电流引入大地;接零是将故障电流引入系统,促使保护装置迅速动作而切断电流。

6.5.1 电气接地的分类

1. 工作接地

根据电力系统运行需要而进行的接地,称之为工作接地,如变压器中性点接地。

2. 保护接地

将电气设备正常运行情况下不带电的金属外壳和架构通过接地装置与大地连接,用以防护间接触电,称之为保护接地。

3. 保护接零

将电气设备正常运行情况下不带电的金属外壳和构架与配电系统的零线直接连接,用以防护间接触电,称之为保护接零。

注意,在同一配电系统中,严禁一部分设备的导电外壳采用"保护接零",另一部分设备的导电外壳采用"保护接地"。这是因为,当外壳接地设备发生碰壳漏电而引起的事故电流烧不断熔丝时,设备外壳就会带电 110V,并且会使整个零线对地电位升高到 110V,这样

其他接零设备的外壳对地也都有 110V
电位，这是很危险的。如图 6-8 所示，
当电机 1 发生漏电，形成单相接地短路
时，如果短路电流不足以使其动作，则
电机 2 的外壳将长期带电。假设电机 1
的接地电阻和电网中心点电阻相同，则
外壳电压为 110V，这个电压会加在电
机 2 的外壳，即所有采用保护接零的设

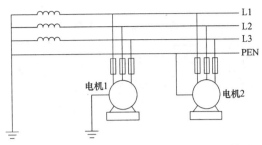

图 6-8　保护接零设备外壳带有危险电压的情况

备外壳都有危险电压。因此，在同一个配电系统中，不准采用部分设备接零、部分设备接地
的混合做法。即使熔丝符合能烧断的要求，也不允许混合接法。因为熔丝在使用中经常调
换，很难保证不会出差错。

4. 重复接地

在低压三相四线制采用保护接零的系统中，为了加强接零的安全性，在零线的一处或多
处通过接地装置与大地再次连
接，称之为重复接地。

工作接地、保护接地、保护
接零、重复接地的示意如图 6-9
所示。（该种电气接地方式已被
新的 TN-C、TN-S、TN-C-S 系统
替换，实践中会有少量应用，但
已不推荐使用，读者阅读时应当
掌握此种情况）

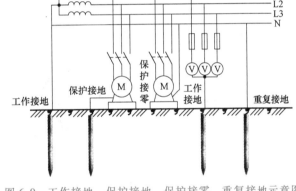

图 6-9　工作接地、保护接地、保护接零、重复接地示意图

5. 防静电接地

为了消除生产过程中产生的静电及其危险影响而设置的接地，称之为防静电接地，如加
油站输油管道的接地。

6. 屏蔽接地

为了防止电磁感应而对电气设备的金属外壳、屏
蔽罩、屏蔽线的金属外皮及建筑物金属屏蔽体等进行
的接地，称之为屏蔽接地。

7. 过电压保护接地

为了消除雷击和过电压的危险影响而设置的接
地，称之为过电压保护接地，如接闪杆、接闪网、接
闪带的接地。

建筑接闪网施工如图 6-10~图 6-20 所示。

（1）施工示意，如图 6-10 所示。

（2）进行挖地沟施工，如图 6-11 所示。

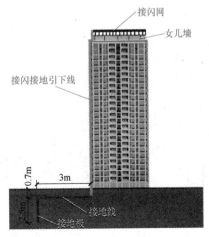

图 6-10　施工示意图

a)步骤一   b)步骤二   c)步骤三

d)地沟   e)检测地沟尺寸

图 6-11　挖地沟

（3）埋设接地极，如图 6-12 所示。

图 6-12　埋设接地极

（4）搭接焊连接接地母线，如图 6-13 所示。

图 6-13　连接接地母线

（5）涂刷防腐漆，如图 6-14 所示。

图 6-14 涂刷防腐漆

（6）抱箍接地极，如图 6-15 所示。

图 6-15 抱箍接地极

（7）连接扁钢，如图 6-16 所示。

图 6-16 连接扁钢

（8）回填土，如图 6-17 所示。

a) 分层回填土

b) 分层夯实

图 6-17 回填土

（9）安装引下线，如图6-18所示。

图6-18　安装引下线

（10）安装支持件，如图6-19所示。

a) 测量预支持件间距

b) 按测好间距在女儿墙上打洞

c) 预埋支持件

图6-19　安装支持件

（11）安装接闪网，如图6-20所示。

6.5.2　电气接地的要求

（1）电气设备一般应当接地或接零，以保护人身和设备的安全。一般三相四线制供电的系统应当采用保护接零和重复接地。但是由于三相负载难以平衡，零线会有电流而导致触电，所以现在推荐使用三相五线制供电方式，工作零线和保护零线（有时称其为地线）均应重复接地。三相三线供电系统的电气设备应当采用保护接地。

（2）不同用途、不同电压的电气设备，除有特殊规定外，应当使用一个总的接地体，

a) 步骤一   b) 步骤二

c) 步骤三   d) 步骤四   e) 安装完成的接闪网

图 6-20　安装接闪网

接地电阻应当符合其中最小值的要求。

（3）如因条件限制，接地有困难时，允许设置操作和维护电气设备用的绝缘台，其周围应当设置防止操作人员偶然碰触的遮栏等。

（4）低压电网的中性点可以直接接地或是不接地。380V/220V 低压电网的中性点应直接接地。中性点直接接地的低压电网中，电气设备的外壳应采用接零保护；中性点不接地的电网，电气设备的外壳应采用保护接地。由同一发电机、同一变压器或同一段母线供电的低压电网，不要同时采用接零或接地两种保护。

另外，在低压电网中，全部采用接零保护确有困难时，也可以同时采用接零和接地两种保护方式，但不接零的电气设备或线段，应当装设能自动切除接地故障的装置，通常为漏电保护装置。

（5）在中性点直接接地的低压电网中，除另有规定和移动式电气设备外，零线应当在电源进户处重复接地。在架空线路的干线和分支线的终端及沿线每一千米处，零线应当重复接地，或是将零线与配电屏、控制屏的接地装置相连。高低压线路同杆架设时，在终端杆上，低压线路的零线应当重复接地。中性点直接接地的低压电网中以及高低压同杆的电网中，钢筋混凝土杆的铁横担和金属杆应当与零线连接，钢筋混凝土杆的钢筋应与零线连接。

6.5.3　电气接地装置

1. 接地装置的构成

（1）接地体。接地体又称接地极，指埋入地下直接与土壤接触的金属导体和金属导体组，是接地电流流向土壤的散流件。利用地下的金属管道、建筑物的钢筋基础等作为接地体的称为自然接地体；按设计规范要求埋设的金属接地体称之为人工接地体。

（2）接地引线。连接电气设备接地部分与接地体的金属导线称为接地引线，它是接地电流由接地部位传导至大地的途径。接地线中沿建筑物表面敷设的共用部分称之为接地干线；电气设备金属外壳连接至接地干线部分称为接地支线。

（3）接地装置。接地体及接地线的组合称为接地装置。接地装置如图 6-21 所示。

2. 接地体的分类

按照接地体的结构可以分为自然接地体和人工接地体两类，按其布置方式可以分为外引式接地体和回路式接地体两种，相应的接地线亦有自然接地线和人工接地线两种。

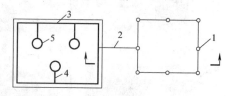

（1）自然接地体

1）交流电力设备的接地装置应充分利用自然接地体，通常有：

① 埋设在地下的金属管道（易燃、易爆性气体、液体管道除外）、金属构件等。

② 敷设于地下的且其数量不少于两根的电缆金属护套。

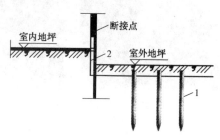

③ 与大地有良好接触的金属桩、金属柱等。

图 6-21　接地装置示意图

1—接地体　2—接地引下线　3—接地干线
4—接地分支线　5—被保护电气设备

2）交流电力设备的自然接地线，一般有：

① 建筑物的金属结构，例如，桁架、柱子、梁及斜撑等。

② 生产用的金属结构，例如，起重机轨道、配电装置的外壳、走廊、平台、电梯竖井、起重机与升降机的构架、传送带的钢梁、电除尘器的构架等。

③ 敷设导线用的钢管、封闭式母线的钢外壳、钢索配线的钢索。

④ 电缆的金属构架、铅构架、铅护套（通信电缆除外）。

⑤ 不流经可燃液体或气体的金属管道可以用作低压设备接地线。

3）敷设接地体时，应当首先选用自然接地体，它具有以下优点：

① 自然接地体一般较长，与地的接触面积较大，流散电阻小，有时能够达到采用专门接地体所不能达到的效果。

② 用电设备大多数情况下与自然接地体相连，事故电流从自然接地体流散，因此比较安全。

③ 自然接地体在地下纵横交错，作为接地体可以等化电位。

4）采用自然接地体的接地装置安装时，必须注意以下问题：

① 利用自然接地体时，最少要有两根保护接地线在不同地点分别与自然接地体相连，引出线与接地体的连接多采用焊接。

② 利用金属管道作为自然接地体或是自然接地线时，管接头和接线盒处（如自来水管遇有塑壳水表、管子接头等）均要采用跨接线连接，连接方法通常用焊接。

③ 利用配线的钢管作为自然接地体时，其管壁厚度不得小于 1.5mm。

④ 利用建筑物的金属结构作为接地线时，凡是用螺栓或是铆钉连接的地方，均要采用跨接线可靠焊接。跨接线一般采用圆钢或扁钢。

（2）人工接地体。当自然接地体的流散电阻不能满足要求时，可以敷设人工接地体。在实际工作中，往往利用自然接地体有很多困难，自然接地体在保证最小电阻时不太可靠，因此有时在自然接地体可以用而又能满足电阻要求的情况下，也敷设人工接地体，并使人工接地体与自然接地体相连。

对于 1000V 以上的电气设备的保护接地，除了利用自然接地体之外，还必须敷设流散电阻不大于 1Ω 的人工接地体。

直流电力电路不应利用自然接地体，直流电路专用的人工接地体不应当与自然接地体相连。

人工接地体通常采用钢管、角钢、圆钢、扁钢制成。在一般性土壤中，可以采用未经电镀的钢铁材料；在有较严重化学腐蚀性的土壤中，应当采用镀锌的钢材。对于接闪杆的接地装置，在一般性的土壤中应采用镀锌钢材，以确保安全。

（3）外引式接地体。将接地体集中布置于电气装置区外的某一点的接地体称之为外引式接地体，如图 6-22 所示。外引式接地体的主要缺点是既不可靠，也不安全。因为电位分布极不均匀，人体接触到距接地体近的电气设备时，其接触电压小；接触到距接地体远的电气设备时，其接触电压大；接触到离接地体 20m 以外的电气设备时，接触电压将近似等于接地体的全部对地电压。

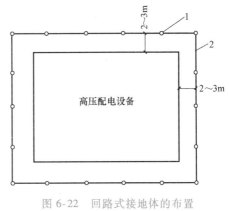

图 6-22 回路式接地体的布置
1—钢管　2—连接钢条

3. 人工接地体的布置方式

人工接地体宜采用垂直接地体。多岩地区和土壤电阻率较高的地区，可以采用水平接地体。

（1）垂直接地体的布置。在普通沙土壤地区，因对地电位衰减较快，可以采用管形接地体为主的棒带式接地装置。采用管形接地体的优点是：机械强度高，可以用机械方法打入土壤中，施工较简单；达到同样电阻值，较其他接地体经济；容易埋入地下较深处，土壤电阻率变化较小；与接地线易于连接，便于检查；用人工方法处理土壤时，易于加入盐类溶液。

在通常情况下，镀锌钢管管径为 48～60mm，常取 50mm；长度为 2～3m，常取 2.5m。若钢管直径太小，则机械强度小，容易弯曲，不易打入地下；但若直径太大，则流散电阻降低不多，例如，直径 125mm 的钢管流散电阻值比直径 550mm 的钢管约小 15%。长度与流散电阻也有关系，管长小于 2.5m 时，流散电阻增加很多；但管长大于 2.5m 时，流散电阻减小值很小。为了减少外界温度、湿度变化对流散电阻的影响，管的顶部距地面应当不小于0.6m，一般取 0.6～0.8m。

接地体的布置应根据安全、技术要求因地制宜安排，可以组成环形、放射形或单排布置。环形布置时，环上不能有开口端。为了减小接地体相互间的流散屏蔽作用，相邻垂直接地体之间的距离可取长度的 2 倍左右。垂直接地体上端采用扁钢或是圆钢连接。单排布置的接地装置，在单一小容量电气设备接地中应用较多，例如小容量配电变压器的接地。

（2）水平接地体的布置。在多岩地区和土壤电阻率较高的地区，由于对地电位分布衰减较慢，宜采用水平接地体为主的棒带接地装置。水平接地体一般由 40mm×4mm 的镀锌扁钢，或是直径为 12~16mm 的镀锌圆钢组成，呈放射形、环形或成排布置。水平接地体应当埋设于冻土层以下，通常深度为 0.6~1m。扁钢水平接地体应立面竖放，这样有利于减少流散电阻。变配电所的接地装置，应当敷设以水平接地体为主的人工接地网。

4. 接地电阻的测量

测量接地电阻的方法有很多，目前应用最广泛的是用接地电阻测量仪进行测量，如图 6-23 所示。下面介绍应用接地电阻测量仪测量接地电阻的方法。

（1）ZC-8 型接地电阻测量仪的结构及附件。图 6-24 所示为 ZC-8 型接地电阻测量仪，其内部主要元件是手摇发电机、电流互感器、可变电阻及零指示器等。另外，附有接地探测针两支（电位探测针和电流探测针）、导线三根（其中 5m

图 6-23　接地电阻测量仪测量接地电阻

长的一根用于接地极接线，20m 长的一根用于电位探测针接线，40m 长的一根用于电流探测针接线）。

（2）ZC-8 型接地电阻测量仪测量接地电阻的方法

1）按照图 6-25 所示进行接线。沿被测接地极 E′，将电位探测针 P′和电流探测针 C′依直线彼此相距 20m 插入地中。电位探测针 P′要插在接地极 E′和电流探测针 C′之间。

图 6-24　ZC-8 型接地电阻测量仪

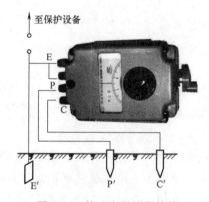

图 6-25　接地电阻测量接线

E′—被测接地体　P′—电位探测针　C′—电流探测针

2）用仪表所附的导线分别将 E′、P′、C′连接到仪表相应的端子 E、P、C 上。

3）将仪表放置在水平位置，调整零指示器，使零指示器指针指到中心线上。

4）将"倍率标度"置于最大倍数，慢慢转动手摇发电机的手柄，同时旋动"测量标度盘"，使零指示器的指针在中心线。在零指示器指针接近中心线时，加快发电机手柄转速，并调整"测量标度盘"使针指于中心线。

5）如果"测量标度盘"的读数小于"1"时，应当将"倍率标度"置于较小倍数，然后再重新测量。

6）当零指示器指针完全平衡指在中心线上时，将"测量标度盘"的读数乘以"倍率标度"，即为所测的接地电阻值。

（3）使用 ZC-8 型接地电阻测量仪测量接地电阻时的注意事项

1）假如零指示器的灵敏度过高时，可调整电位探测针 P′ 插入土壤中的深浅；若其灵敏度不够时，可以沿电位探测针 P′ 和电流探测针 C′ 之间的土壤注水，使其湿润。

2）在测量时必须将接地装置线路与被保护的设备断开，以确保测量的准确性。

3）如果接地极 E′ 和电流探测针 C′ 之间的距离大于 20m 时，电位探测针 P′ 的位置插在 E′、C′ 之间直线外几米，则测量误差可以不计。但当 E′、C′ 之间距离小于 20m 时，则电位探测针 P′ 一定要正确插在 E′、C′ 直线中间。

4）当用 $0 \sim 1\Omega/10\Omega/100\Omega$ 规格的接地电阻测量仪测量小于 1Ω 的接地电阻时，应当将仪表上 E 的连接片打开，然后分别用导线连接到被测接地体上，以消除测量时连接导线的电阻造成的附加测量误差。

5. 降低接地电阻的措施

接地电阻中流散电阻的大小与土壤电阻率有直接关系。土壤电阻率越低，流散电阻就越小，接地电阻也越小。所以，遇到电阻率较高的土壤，如砂质、岩石以及长期冰冻的土壤，在装设人工接地体时，要达到设计要求的接地电阻值，往往要采取措施，常用的方法包括：

（1）对土壤进行混合或浸渍处理。在接地体周围土壤中适当混入一些木炭粉、炭黑等，以提高土壤的电导率；用降阻剂浸渍接地体周围的土壤，对降低接地电阻也有明显效果。

（2）改换接地体周围部分土壤。将接地体周围换成电阻率较低的土壤，如黏土、黑土、木炭粉土等。

（3）增加接地体埋设深度。当碰到地表面岩石或是高电阻率土壤不太厚，而下部就是低电阻率土壤时，可以将接地体采用钻孔深埋至低电阻率的土壤中。

（4）外引式接地。当接地处土壤电阻率很大而在距接地处不太远的地方有导电良好的土壤或是有不冰冻的湖泊、河流时，可以将接地体引至该低电阻率地带，然后按规定做好接地。

6. 安装接地装置的注意事项

（1）接地线与接地体的连接、接地线与接地线的连接一般为焊接。在采用搭接焊时，搭接长度必须为扁钢宽度的 2 倍或圆钢直径的 6 倍以上。潮湿或是有腐蚀性气体的场所，也可以用螺栓连接，但必须有可靠的防锈及防松装置。埋入地下的连接点应当在焊接后涂沥青漆防腐。

（2）利用钢管作接地线，钢管连接处必须保证可靠的电气连接。并经测试合格后，才能够使用。

（3）接地线与电气设备可焊接或螺栓连接，螺栓连接应当有防松螺母或是防松垫片。每台设备应当用单独的接地线与干线相连，禁止在一条接地线上串联电气设备。

（4）危险爆炸场所内的电气设备的外壳应可靠接地。

（5）不得使用蛇皮管、保温管的金属网或外皮及低压照明导线或电缆的铅护套作为接地线。在电气设备需要接地的房间里，这些金属外皮应接地，并应保证其全长为完好的电气通路，接地线应当与金属外皮低温焊接。

（6）携带式用电设备应采用电缆中的专用线芯接地，此线芯严禁同时用来通过工作电流、严禁利用设备的零线接地。单独使用接地线时，应采用多股软铜线，其截面面积不应小于 1.5mm^2。

6.5.4 保护接零

1. 保护接零的要求

中性点直接接地的电网中，在采用保护接零时，必须保证以下条件：

（1）中性点直接可靠接地，接地电阻应当不大于 4Ω。

（2）工作零线、保护零线应当可靠重复接地，重复接地的接地电阻应不大于 10Ω，重复接地的次数应不小于 3 次。

（3）保护零线和工作零线不得装设熔断器或开关，必须具有足够的机械强度和热稳定性。

（4）三相四线或五线制供电线路的工作零线和保护零线的截面面积不得小于相应线路相线截面面积的 $1/2$。

（5）接零保护系统中，不允许电气设备采用接地保护。

2. 重复接地及其要求

采用保护接零后的零线负担很重，既要作为单相负荷电流的一个通路，又要保护电器，并要通过故障电流。所以，要求零线的设置必须安全可靠，力学性能和电气性能必须良好，这样零线必须设置保护，这个保护就是重复接地。

在保护接零电网中，重复接地起着降低漏电电器设备对地电压，减弱零线断线触电的危险，缩小切除故障时间和改善防雷性能等方面的作用。

重复接地可从零线上重复接地，也可从接零设备的金属外壳上接地。重复接地的接地电阻值一般不得大于 4Ω。在电力变压器低压侧工作接地的接地电阻值不大于 10Ω 的条件下，每一重复接地的接地电阻值不得大于 30Ω，也不能少于 3 处。

架空线路的干线和分支终端及其沿线的工作零线应当在每隔一千米处重复接地；电缆或是架空线在引入车间或大型建筑物处，如距接地点超过 50m，应当将零线重复接地，或是在室内将零线与配电屏、控制屏的接地装置可靠连接；高低压同杆架设时，在其终端杆上应当将低压的工作零线重复接地；采用三相五线制的线路，工作零线和保护零线均应重复接地；低压电源进户处应当将工作零线和保护零线重复接地。

6.6 建筑防雷技术

防雷是指通过组成拦截、疏导最后泄放入地的一体化系统方式，防止由直击雷或是雷电电磁脉冲对建筑物本身或是其内部设备造成损害的防护技术。

6.6.1 防雷基础知识

（1）土壤电阻率低于 $200\Omega \cdot m$ 的区域的电杆可不另设防雷接地装置，但在配电室的架空进线或出线处应当将绝缘子铁脚与配电室的接地装置相连接。

（2）施工现场内的起重机、井字架、龙门架等机械设备，以及钢脚手架和正在施工的在建工程等的金属结构，当在相邻建筑物、构筑物等设施的防雷装置接闪器的保护范围以外时，应当按照规定装防雷装置。

当最高机械设备上接闪杆（接闪器）的保护范围能覆盖其他设备，且又最后退出于现场，则其他设备可不设防雷装置。

（3）机械设备或设施的防雷引下线可利用该设备或设施的金属结构体，但应保证电气连接。

（4）机械设备上的接闪杆（接闪器）长度应为 $1 \sim 2m$。塔式起重机可不另设接闪杆（接闪器）。

（5）安装接闪杆（接闪器）的机械设备，所有固定的动力、控制、照明、信号及通信线路，宜采用钢管敷设。钢管与该机械设备的金属结构体应做电气连接。

（6）施工现场内所有防雷装置的冲击接地电阻值不得大于 30Ω。

（7）做防雷接地机械上的电气设备，所连接的 PE 线必须同时做重复接地，同一台机械电气设备的重复接地和机械的防雷接地可以共用同一接地体，但接地电阻应符合重复接地电阻值的要求。

6.6.2 现代综合防雷技术

1. 接闪器技术

把金属接闪器（包括接闪杆、接闪线、接闪带、接闪网）以及用作接闪的金属屋面和金属构件等，安装在建筑物顶部或是使其高端比建筑物顶端更高，吸引雷电，将雷电的强大电流传导到大地中去，防止闪电电流经过建筑物，进而使建筑物免遭雷击，起封保护建筑物的作用，如图 6-26 所示。

2. 屏蔽技术

屏蔽是减少电磁干扰的基本措施，用金属网、箔、壳、管等导体把需要保护的对象包围起来，从物理意义上说，就是将闪电的脉冲电磁场从空间入侵的通道阻隔起来，力求"无隙可钻"。为了减少雷电电磁感应效应，常采用在建筑物和房间的外部设屏蔽措施，以合适的路径敷设线路，线路屏蔽。这些措施宜联合使用。

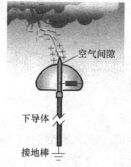

图 6-26　接闪器

3. 接地技术

防雷接地是将雷电流导入大地，防止雷电流使人受到电击或使财产受到损失。

4. 引下线技术

引下线是连接接闪器与接地装置的金属导体，将接闪器拦截的雷电流引入大地的通道。引下线数量的多少直接影响分流雷电流的效果，引下线多，每根引下线通过的雷电流就少，其感应范围及强度就小。接闪器接地如图 6-27 所示。

5. 防反击技术

现代化的建筑物内离不开照明、动力、电话、电视和工作计算机等电子设备的线路，必须考虑防雷设施与各类管线的关系。合理布线也是防雷工程的重要措施。

计算机机房的综合布线中，为了布线工程的美观漂亮，常将很多网线安放在墙壁内，没有考虑对 UTP 电缆的屏蔽处理，一旦大楼某些钢筋泄放雷击电流，都将引起感应高电压，击毁设备。

图 6-27　接闪器接地

从防雷角度上考虑，电源线不要与网络线同槽架设，数据插座与电源插座保持一定距离；广域网线缆不要与局域网线缆同槽架设；网线与墙壁布置时，有条件应当远距离安装；屏蔽槽要求两点接地。

6. 过电压保护

凡是从室外来的无法使用导体直接连接的导线（包括电力电源线、电话线、信号线或此类电缆的金属外套等）须通过并联电涌保护器（SPD）连至接地线，它的作用是将导线传入的雷电过电压波在 SPD 处经 SPD 分流入地，也就是类似于把雷电流的所有入侵通道堵截了，而且不只一级堵截，可以多级堵截。

7. 等电位连接

等电位连接是指将分开的装置、诸导电物体用等电位连接导体或是电涌保护器连接起来以减小雷电流在它们之间产生的电位差，如图 6-28 所示。

等电位连接是防雷措施中极为关键的一项。完善的等电位连接，也可以消除地电位骤然升高而产生的"反击"现象。

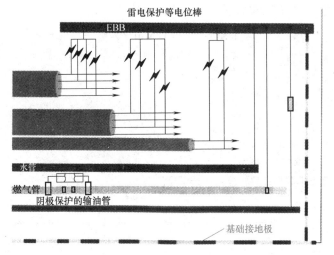

图 6-28　等电位连接示意图

雷电过电压保护的基本原理是在瞬态过电压的极短时间内，在被保护区域内的所有导电部件之间建立一个等电位，这种导电部件包括了供电系统的有源线路和信号传输线。也就是说为了确保机电系统免遭雷击，要在极短的时间内，将高达数十安培的雷电流从电源传输线和信号传输线传导入地。

以上介绍的这几种防雷措施在防雷工程中应综合合理使用，如果只采取其中的一项或某几项技术，是不完善的，对防雷来说，仍然存在漏洞。防雷工程是一个很细致的工程，容不得半点的马虎，否则后悔晚矣。

6.7　防止建筑电工触电的安全措施

6.7.1　保证电工安全工作的组织措施

1. 工作票制度

（1）工作票制度一般有两种，如下：

1）变电所第一种工作票使用的场合如下：

① 在高压设备上工作需要全部停电或部者分停电时。

② 在高压室内的二次回路和照明回路上工作，需要将高压设备停电或者采取安全措施时。

2）变电室第二种工作票使用的场合如下：

① 在带电作业和带电设备外壳上的工作。

② 在控制盘和低压配电盘、配电箱、电源干线上工作。

③ 在高压设备无需停电的二次接线回路上工作等。

变、配电所（室）停电工作票样式如下：

变配电所（室）停电工作票

编号_____

1. 工作负责人（监护人）：_____ 职称：_____ 班组：_____工作人员：
_____共_____人

2. 工作地点和工作内容：_____

3. 计划工作时间：自_____年_____月_____日_____时_____分至_____月_____
日_____时_____分

4. 安全措施：

① 停电范围图（带电部分用红色，停电部分用蓝色）；

② 安全措施：

_____

_____

应拉开的开关和刀开关（注明编号）：

_____

_____

应装接地线的位置（注明确实地点）：

_____

_____

应设遮栏、应挂标示牌的地点：

_____

_____

工作票签发人签名：_____

收到工作票时间：_____月_____日_____时_____分

下列由工作许可人（变、配电所值班员）填写

_____

_____

已拉开的开关和刀开关（注明编号）：

_____

_____

已装接地线（注明接地线编号和装设地点）：

_____

_____

已设遮栏、已挂标示牌（注明地点）：

_____

工作许可人签名_____月_____日

_____

5. 许可工作开始时间：_____年_____月_____日_____时_____分

工作负责人签名：_____工作许可人签名：_____

6. 工作负责人变动（工作过程中，更换工作负责人时填写）：

原工作负责人_____离去，变更_____为工作负责人，变动时间_____年_____月_____
日_____时_____分，工作负责人交接签名_____

7. 工作票延期（工作需延期，安全措施不变时填写此栏）：

工作票延期到_____年_____月_____日_____时_____分

工作负责人签名_____ 值班负责人签名_____

8. 工作终结及送电：

① 工作班人员已全部撤离，现场已清理完毕。

② 接地线共_____组已拆除。_____号处接地刀闸已断开。

③ 临时遮栏共_____处已拆除，永久遮栏_____处已恢复。

④ 标示牌共_____处已拆除，更换标示牌_____处已换完。

⑤ 全部工作于_____年_____月_____日_____时_____分结束

工作负责人（签名）_____ 工作许可人（签名）_____

9. 送电后评语：

_____

_____

根据不同的检修任务，不同的设备条件，以及不同的管理机构，可选用或制定适当格式的工作票。但是无论哪种工作票，都必须以保证检修工作的绝对安全为前提。

（2）工作票中所列人员的安全责任

1）工作票签发人：

① 工作项目是否必要。

② 工作是否安全。

③ 工作票上所填安全措施是否正确完备。

④ 所派工作负责人和全体工作人员是否适当和充足。

2）工作负责人：

① 正确安全地组织作业。

② 结合实际进行安全思想教育。

③ 检查工作许可人所做的现场安全措施是否与工作票所列的措施相符。

④ 工作前对全体工作人员交代工作任务及安全措施。

⑤ 督促工作人员遵守本规程。

⑥ 班组成员实施全面监护。

3）工作许可人：

① 审查工作票所列安全措施是否正确完备，是否符合现场实际。

② 正确完成工作票所列的安全措施。

③ 工作前向工作负责人交代所做的安全措施。

④ 正确发出许可以开始工作的命令。

4）班组成员：认真执行安全工作规程和现场安全措施，互相关心施工安全，并监督安全工作规程和现场安全措施的实施。

2. 工作许可制度

（1）工作负责人未接到工作许可人许可工作的命令前严禁工作。

（2）工作许可人完成工作票所列安全措施后，应当立即向工作负责人逐项交代已完成的安全措施。工作许可人还应当以手指背触试，以证明要检修的设备确已无电。对临近工作地点的带电设备部位，应当特别交代清楚。

当所有安全措施和注意事项交代、核对完毕后，工作许可人和工作负责人应当分别在工作票上签字，写明工作开始日期、时间，此时，工作许可人即可发出许可工作的命令。

（3）每天开工与收工，均应履行工作票中"开工和收工许可"手续。

（4）严禁约时停、送电。

3. 工作监护制度和现场看守制度

（1）工作监护人由工作负责人担任，当施工现场用一张工作票分组到不同的地点工作时，各小组监护人可以由工作负责人指定。

（2）工作期间，工作监护人必须始终在工作现场，对工作人员的工作认真监护，及时纠正违反安全的行为。

（3）工作负责人在工作期间不宜更换，工作负责人如需临时离开现场，则应当指定临时工作负责人，并通知工作许可人和全体成员。工作负责人如需长期离开现场，则应当办理工作负责人更换手续，更换工作负责人必须经工作票签发人批准，并设法通知全体工作人员和工作许可人，履行工作票交接手续，同时在工作票备注栏内注明。

（4）为确保施工安全，工作负责人可指派一人或数人为专责监护人、看守人，在指定地点负责监护、看守任务。监护、看守人员要坚守工作岗位，不得擅离职守，只有得到工作负责人下达"已完成监护、看守任务"命令时，才可以离开岗位。

（5）安全措施的设置与设备的停送电操作应由两人进行，其中一人为监护人。

4. 工作间断制度

（1）在工作中如遇雷、雨、大风或是其他情况并威胁工作人员的安全时，工作负责人可下令临时停止工作。

（2）工作间断时，工作地点的全部安全措施仍应保留不变。工作人员离开工作地点时，要检查安全措施，在必要时应当派专人看守。

（3）在工作间断时间内，任何人不得私自进入现场进行工作或碰触任何物件。

（4）在恢复工作前，应当重新检查各项安全措施是否正确完整，待由工作负责人再次向全体工作人员说明后，方可进行工作。

（5）每天工作开始与结束，均应在低压第一种工作票中履行许可与终结手续。每天工作结束后，工作负责人应将工作票交予工作许可人。在次日开工时，工作许可人与工作负责人履行完工手续后，再将工作票交还工作负责人。

5. 工作终结、验收和恢复送电制度

（1）全部工作完毕后，工作人员应当清扫、整理现场。在对所进行的工作实施竣工检查后，工作负责人方可命令所有工作人员撤离工作地点，向工作许可人报告全部工作结束。

（2）工作许可人接到工作结束的报告后，应当会同工作负责人到现场检查验收任务完成情况，确无缺陷和遗留的物件后，在工作票上填明工作终结时间，双方签字，工作票即告终结。

（3）工作票终结之后，工作许可人即可拆除所有安全措施，然后恢复送电。

6.7.2 保证电工安全工作的技术措施

1. 放电

应放电的设备及线路主要包括：电力变压器、油断路器、高压架空线路、电力电缆、电力电容器、大容量电动机及发电机等。放电的目的是消除检修设备上残存的静电。

（1）放电应当使用专用的导线，用绝缘棒或开关操作，人手不得与放电导体相接触。

（2）线与线之间、线与地之间，均应放电。电容器和电缆线的残余电荷较多，最好有专门的放电设备。

（3）在放电操作时，人体不得与放电导线接触或靠近；与设备端子接触时不得用力过猛，以免撞击端子导致损坏。

（4）放电的导线必须良好可靠，一般应使用专用的接地线。

（5）接地网的端子必须是已做好的接地网，并在运行中证明是接地良好的接地网；与设备端子的接触，与线路相的接触，应当和验电的顺序相同。

（6）放电操作时，应穿绝缘靴、戴绝缘手套。

2. 停电

（1）在进行作业时与作业人员正常作业活动最大范围的距离见表6-28。

表6-28　工作人员与带电设备的安全距离

设备额定电压/kV	10及以下	20~35	44	60
设备不停电时的安全距离/m	0.7	1	1.2	1.5
工作人员工作时正常活动范围与带电设备的安全距离/m	0.35	0.6	0.9	1.5
带电作业时人体与带电体间的安全距离/m	0.4	0.6	0.6	0.7

（2）当带电设备的安全距离大于表6-28所规定的数值时，可不予停电，但带电体在作业人员的后侧或是左右侧时，即使距离略大于表6-28中的规定，也将该带电部分停电。

（3）在停电时，应当注意对所有能够检修部分与送电线路，要全部切断，而且每处至少要有一个明显的断开点，并应采用防止误合闸的措施。

（4）停电操作时，应当执行工作票制度；必须先拉断路器，再拉隔离开关；严禁带负荷拉隔离开关；计划停电时，应当先将负荷回路拉闸，再拉断路器，最后拉隔离开关。

（5）对于多回路的线路，还要注意防止其他方面的突然来电，特别要注意防止低压方面的反馈电。

（6）停电后断开的隔离开关操作手柄必须锁住，并且挂标志牌。

3. 验电

（1）对已停电的线路或设备，不能光看指示灯信号和仪表（电压表）上是否反映出无电。还应当进行必要的验电步骤。

（2）验电时所用验电器的额定电压，必须与电气设备（线路）电压等级相适应，而且事先在有电设备上进行试验，证明是良好的验电器。

（3）电气设备的验电，必须在进线和出线两侧逐相分别验电，防止某种不正常原因导致出现某一侧或是某一相带电而未被发现。

（4）线路（包括电缆）的验电，应当逐相进行。

（5）验电时应当戴绝缘手套，按电压等级选择相应的验电器。

（6）如果停电后，信号及仪表仍有残压指示，在未查明原因前，禁止在该设备上作业。

切记决不能凭经验办事。当验电器指示有电时，想当然认为是剩余电荷作用所致，然后盲目进行接地操作，这是非常危险的。

4. 装设接地线

装设接地线的目的，是为了防止停电后的电气设备及线路突然有电而造成检修作业人员意外伤害；其方法是将停电后的设备的接线端子及线路的相线直接接地短路。

（1）验电之前，应当先准备好接地线，并将其接地端先接到接地网（极）的接线端子上；当验明设备或线路确已无电压且经放电后，应当立即将检修设备或线路接地并三相短路。

（2）所装设的接地线与带电部分不得小于规定的允许距离。否则，会威胁带电设备的安全运行，并将可能使停电设备引入高电位而危及工作人员的安全。

（3）在装接地线时，必须先接接地端，后接导体端；而在拆接地线时，顺序应当与以上顺序相反。装拆接地线均应使用绝缘棒或戴绝缘手套。

（4）接地线应用多股软铜导线，其截面面积应符合短路电流热稳定的要求，最小截面面积不应小于 $25mm^2$。其线端必须使用专用的线夹固定在导体上，禁止使用缠绕的方法进行接地或是短路。

（5）变配电所内，每组接地线均应按照其截面面积编号，并悬挂存放在固定地点。存放地点的编号应当与接地线的编号相同。

（6）变配电所（室）内装、拆接地线，必须做好记录，在交接班时，要交代清楚。

5. 装设遮栏

（1）在变配电所内的停电作业，一经合闸即可以送到作业地点的开关或是隔离开关的操作手柄上，均应悬挂"禁止合闸，有人工作！"的标志牌。

（2）在开关柜内悬挂接地线以后，应当在该柜的门上悬挂"已接地"的标志牌。

（3）在变配电所外线路上作业，其电源控制设备在交配电所室内的，则应当在控制线路的开关或是隔离开关的操作手柄上悬挂"禁止合闸，线路上有人工作！"的标志牌。

（4）在作业人员上下用的铁架或铁梯上，应当悬挂"由此上下！"的标志牌。在邻近其他可能误登的构架上，应当悬挂"禁止攀登，高压危险！"的标志牌。

（5）在作业地点装妥接地线后，应当悬挂"在此工作！"的标志牌。

（6）标志牌和临时遮栏的设置及拆除，应当按照调度员的命令或是工作票的规定执行。严格禁止作业人员在作业中移动、变更或是拆除临时遮栏及标志牌。

（7）临时遮栏、标志牌、围栏是保证作业人员人身安全的安全技术措施。因为作业需要，必须变动时，应当由作业许可人批准，但更动后必须符合安全技术要求，当完成该项作业后，应当立即恢复原来状态并报告作业许可人。

（8）变配电室内的标志牌及临时遮栏由值班员监护，室外或线路上的标志牌及临时遮栏由作业负责人或安全员监护，不准其他人员触动。

6. 不停电检修

（1）不停电检修工作必须严格执行监护制度，确保有足够的安全距离。

（2）不停电检修工作时间不宜太长，对不停电检修所使用的工具应当经过检查与试验。

（3）检修人员应当经过严格培训，要能熟练掌握不停电检修技术与安全操作知识。

（4）低压系统的检修工作，一般应当停电进行，若必须带电检修，应当制订出相应的安全操作技术措施和相应的操作规程。

6.8 触电急救

6.8.1 触电的基本方式

人体触电的基本方式有单相触电、两相触电、跨步电压触电、接触电压触电。此外，还有人体接近高压电及雷击触电等。常见的触电形式见表6-29。

表6-29 常见的触电形式

触电形式	触电情况	危险程度	图　　示
单相触电（变压器低压侧中性点接地）	电流从一根相线经过电气设备、人体再经大地流到中性点。此时加在人体上的电压是相电压	如果绝缘良好，一般不会发生触电危险；若绝缘被破坏或绝缘很差，就会发生触电事故	中性点直接接地
单相触电（变压器低压侧中性点不接地）	在1000V以下，人触到任何一相带电体时，电流经电气设备，通过人体到另外两根相线的对地绝缘电阻和分布电容而形成回路 在6~10kV高压侧中性点不接地系统中，电压高，所以触电电流大	触电电流大，几乎是致命的，加上电弧灼伤，情况更为严重	中性点不直接接地
两相触电	电流从一相导体通过人体流入另一相导体，构成一个闭合回路	由于在电流回路中只有人体电阻，所以两相触电非常危险。触电者即使穿着绝缘鞋或是站在绝缘台上也起不到保护作用	L1 L2 L3

（续）

触电形式	触电情况	危险程度	图　示
跨步电压触电	当电气设备发生接地故障,接地电流通过接地体向大地流散,在地面上形成电位分布时,如果人在接地短路点周围行走,其两脚之间的电位差,就是跨步电压,由跨步电压引起的人体触时,称为跨步电压触电	电场强度随离断线落地点距离的增加而减小。距离线点 1m 范围内,约有 60% 的电压降;距断线点 2~10m 范围内,约有 24% 的电压降;距断线点 11~20m 范围内,约有 8% 的电压降	
接触电压触电	电气设备由于绝缘损坏或其他原因造成接地故障时,如果人体两个部分(手和脚)同时接触具有不同电压的两点(设备外壳和地面),人体两部分会处于不同的电位,则在人体内有电流通过,此时加在人体两点之间的电压差称之为接触电压		 U_{XL}—相电压　　R_0—变压器中性点接地电阻 U_j—作用于人体电压 R_b—电动机保护接地电阻　　S—距离
感应电压触电	指当人触及带有感应电压的设备和线路时所造成的触电事故。一些不带电的线路由于大气变化(如雷电活动),会产生感应电荷,停电后一些可能感应电压的设备和线路如果未及时接地,这些设备和线路对地均存在感应电压。接触电压是指人站在发生接地短路故障设备的旁边,触及漏电设备的外壳时,其手、脚之间所承受的电压。由接触电压引起的触电称为接触电压触电		
静电触电	静电能引起爆炸、火灾和对人体的电击伤害。静电具有电压很高、能量不大、静电感应和尖端放电等特点,静电放电造成的瞬间冲击,可能会对人员造成二次伤害,如高空坠落或其他机械性伤害等		

6.8.2 人体触电后的表现

人体触电后的表现主要包括以下几点：

1. 假死

所谓假死就是触电者失去知觉、面色苍白、瞳孔放大、脉搏和呼吸停止。假死可以分为三种类型：心脏停止，尚能呼吸；呼吸停止，心跳尚存，但脉搏很微弱；心跳、呼吸均停止。

因触电时心跳和呼吸是突然停止的，虽然中断了供血供氧，但人体的某些器官还存在微弱活动，有些组织的细胞的新陈代谢还能进行，加之一般体内的重要器官并未损伤，只要及时进行抢救，触电者很有可能被救活。

2. 局部电灼伤

触电者神志清醒，电灼伤常位于电流进出人体的接触处，进口的伤口常为一个，出口处的伤口有时不止一个，电灼伤的面积较小，但较深，有时深达骨骼，大多为三度灼伤。灼伤处是焦黄色或是褐黑色，灼伤面与正常皮肤有明显的界线。

3. 轻微伤害

触电者神志清醒，只是有些心慌、四肢发麻、全身无力、一度昏迷，但未失去知觉，出冷汗或是恶心呕吐等。

6.8.3 触电急救的原则和方法

1. 触电急救的原则

进行触电急救，应当坚持迅速、就地、准确、坚持的原则。触电急救必须分秒必争，立即就地迅速用心肺复苏法进行抢救，并坚持不断地进行，同时及早与医疗部门联系，争取医务人员接替救治。在医务人员未接替救治前，不应当放弃现场抢救，更不能只根据没有呼吸或脉搏擅自判定伤员死亡，放弃抢救。只有医生有权做出伤员死亡的诊断。

2. 触电急救的要点

触电急救的要点是抢救迅速和救护得法。即用最快的速度在现场采取积极措施，保护触电者生命，减轻伤情，减少痛苦，并根据伤情需要迅速联系医疗救护等部门救治。

一旦发现有人触电之后，周围人员首先应当迅速拉闸断电，尽快使其脱离电源。如果周围有电工人员，则应当率先争分夺秒地抢救。

3. 解救触电者脱离电源的方法

触电急救的第一步是使触电者迅速脱离电源，具体方法如下：

（1）低压电源触电脱离电源的方法

1）拉。附近有电源开关或插座时，应当立即拉下开关或拔掉电源插头，如图6-29所示。如触电事故发生在晚上或是夜间，切断电源时应当注意现场照明，以免影响抢救工作顺利进行。

2）切。如果一时找不到断开电源的开关，应当迅速用绝缘完好的钢丝钳或断线钳剪断电线，以断开电源。

3）挑。对于由导线绝缘损坏造成的触电，急救人员可以用绝缘工具、干燥的衣服、木棒、等绝缘物作工具，挑开触电者身上的电线，如图6-30所示。

拉下开关

图6-29　拉下开关或拔掉电源插头

图6-30　挑开触电者身上的电线

4）拽。急救人员可以戴上手套或在手上包缠干燥的衣服等绝缘物品拖拽触电者；也可以站在干燥的木板、橡胶垫等绝缘物品上，用一只手将触电者拖拽开来。

5）垫。如果电流通过触电者入地，并且触电者紧握导线，可以设法用干木板塞到触电者身下，与地隔离。

（2）高压电源触电脱离电源的方法。拉闸，戴上绝缘手套穿上绝缘靴（图6-31），拉开高压断路器。

a)绝缘手套

b)绝缘靴

图6-31　绝缘手套、绝缘靴

1）当触电者在电容器或电缆部位触电，应当先切断电源，待采取放电措施后，方可对触电者进行救护。

2）救护人最好用一只手进行，以防自身触电，还应当做好各种防护。如触电者处于高处，应注意解脱电源后会有高处坠落的可能；即使触电者在平地，也应当注意触电者倒下的方向，避免触电者头部摔伤等。

4. 伤员脱离电源后的处理

人体触电后会出现肌肉收缩，神经麻痹，呼吸中断、心跳停止等征象，表面上呈现昏迷不醒状态，此时并不是死亡，而是"假死"，如果立即进行急救，绝大多数的触电者是可以救活的。关键在于能否迅速使触电者脱离电源，并及时正确地施行救护。

（1）触电伤员如神志清醒者，应当使其就地躺平，严密观察，暂时不要站立或是走动。

（2）触电伤员如神志不清者，应当就地仰面躺平，且确保气道通畅，并呼叫伤员或是轻拍其肩部，以判定伤员是否意识丧失。禁止摇动伤员头部呼叫伤员。

（3）需要抢救的伤员，应当立即就地进行正确抢救，并设法联系医疗部门接替救治。

（4）呼吸、心跳情况的判定。

1）触电伤员如意识丧失，应当在10s内，用看、听、试的方法，判定伤员呼吸心跳情况。

看——看伤员的胸部、腹部有无起伏动作。

听——用耳贴近伤员的口鼻处，听有无呼气声音。

试——试测口鼻有无呼气的气流，再用两手指轻试一侧（左或右）喉结旁凹陷处的颈动脉有无搏动。

2）如果看、听、试结果，既无呼吸又无颈动脉搏动，可以判定呼吸心跳停止。

5. 触电急救——心肺复苏法

触电伤员呼吸和心跳均停止时，应当立即按心肺复苏法支持生命的三项基本措施，正确进行就地抢救。

（1）通畅气道。如发现触电者口内有异物可将其身体及头部同时侧转，迅速用一个手指或两个手指交叉从口角处插入，取出异物，操作中要防止将异物推到咽喉深部。通畅气道可以采用仰头抬颌法，如图6-32所示。用一只手放在触电者前额，另一只手的手指将其下颌骨向上抬起，两手协同将头部推向后仰，舌根随之抬起，气道即可通畅。严禁用枕头或是其他物品垫在触电者头下，头部抬高前倾，仰头抬颌法则会加重气道阻塞，并且使胸外按压时流向脑部的血流减少。

（2）口对口（鼻）人工呼吸（图6-33）。口对口人工呼吸法口诀：伤员仰卧平地上，解开领口松衣裳；掐紧鼻子托下颌，打开气道防阻塞；鼻孔朝天头后仰，贴嘴吹气看胸张；吹气多少看对象，大人小孩要适量。

图6-32 通畅气道的方法

图6-33 口对口人工呼吸示意图

1）在保持触电者气道通畅的同时，救护人用放在触电者额上的手指捏住其鼻翼，救护人深吸气后，与触电者口对口贴紧，在不漏气的情况下，先连续大口吹气两次，每次1～1.5s。如两次吹气后试测颈动脉仍无搏动，可以判断为心跳已经停止，要立即同时进行胸外按压。

2）除开始时大口吹气两次外，正常口对口（鼻）呼吸吹气量不需过大，以免引起胃膨胀。吹气和放松时要注意触电者胸部应有起伏的呼吸动作。在吹气时如有较大阻力，可能是头部后仰不够，应当及时纠正。

3）触电者如牙关紧闭，可以口对鼻人工呼吸。口对鼻人工呼吸吹气时，要将触电者嘴唇紧闭，防止漏气。

（3）胸外按压。如图 6-34 所示，正确的按压位置是保证胸外按压效果的重要前提。确定正确按压位置的步骤如下：

1）右手的食指和中指沿触电者的右侧肋弓下缘向上，找到肋骨及胸骨接合处的中点。两手指并齐，中指放在切迹中点（剑突底部），食指平放在胸骨下部，另一只手的掌根紧挨食指上缘置于胸骨上，即为正确按压位置。

2）使触电者仰面躺在平硬的地方，救护人跪在其右侧，救护人的两肩位于触电者胸骨正上方，两臂伸直，肘关节固定不屈，两手掌根相叠，手指翘起，不接触触电者的胸壁。以髋关节为支点，利用上身的重力，垂直将正常成人胸骨压陷 3~5cm （儿童和瘦弱者酌减）。压至要求程度之后，立即全部放松，但放松时救护人的掌根不得离开胸壁，如图 6-35 所示。按照压必须有效，有效的标志是按压过程中可以触及颈动脉搏动。

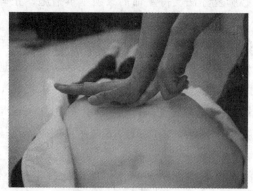

图 6-34 胸外按压

图 6-35 胸外按压操作方法

（4）操作频率。胸外按压要以均匀速度进行，每分钟 80 次，每次按压和放松时间相等。胸外按压与口对口（鼻）人工呼吸要同时进行，单人抢救时每按压 30 次后吹气 2 次（30：2），反复进行。在双人抢救时，如图 6-36 所示，每按压 5 次后由另一人吹气 1 次（5：1），反复进行。

（5）抢救过程中的判定

1）按压吹气后（相当于单人抢救时做了 4 个 30：2 压吹循环），用看、听、试方法在 5~7s 时间内完成对触电者呼吸和心跳是否恢复的判定。

2）如果判定颈动脉已有搏动但无呼吸，则暂

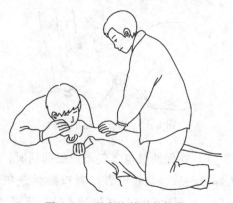

图 6-36 两人施救时的操作

停胸外按压，而再进行 2 次口对口人工呼吸，接着 5s 吹气 1 次（即每分钟 12 次）。如脉搏和呼吸均未恢复，则继续坚持心肺复苏法抢救。

3）在抢救过程中，要每隔数分钟再判定 1 次，每次判定时间均不得超过 5~7s。在医生未接替抢救前，现场抢救人员不得放弃现场的抢救工作。

4）心肺复苏法在现场就地进行，不要为方便而随意移动触电者，如确有需要移动时，抢救中断时间不应当超过 30s。移动或是送医院的途中应继续做心肺复苏，不得中断。

 本章小结及综述

本章主要讲述了建筑电工安全用电技术，主要包括施工现场临时用电安全管理、建筑电气接地与接零技术、建筑防雷技术、触电的预防和解救等。

通过本章的学习，读者能够了解电工安全用电常识，熟悉建筑施工现场临时用电安全管理要求，掌握建筑电气接地、接零技术，掌握防止建筑电工触电的安全措施和触电急救的方法，并能够对施工现场触电人员进行现场急救。

建筑电工安全技术考核大纲（试行）

A.1 安全技术理论

A.1.1 安全生产基本知识

1. 熟悉建筑安全生产法律法规和规章制度。
2. 熟悉有关特种作业人员的管理制度。
3. 熟悉从业人员的权利义务和法律责任。
4. 熟悉高处作业安全知识。
5. 掌握安全防护用品的使用。
6. 熟悉安全标志、安全色的基本知识。
7. 熟悉施工现场消防知识。
8. 了解现场急救知识。
9. 掌握施工现场安全用电基本知识。

A.1.2 专业基础知识

1. 了解力学基本知识。
2. 了解机械基础知识。
3. 熟悉电工基础知识：
（1）电流、电压、电阻、电功率等物理量的单位及含义。
（2）直流电路、交流电路和安全电压的基本知识。

（3）常用电气元器件的基本知识、构造及其作用。

（4）三相交流电动机的分类、构造、使用及其保养。

A.1.3 专业技术理论

1. 了解常用的用电保护系统的特点。

2. 掌握施工现场临时用电 TN-S 系统的特点。

3. 了解施工现场常用电气设备的种类和工作原理。

4. 熟悉施工现场临时用电专项施工方案的主要内容。

5. 掌握施工现场配电装置的选择、安装和维护。

6. 掌握配电线路的选择、敷设和维护。

7. 掌握施工现场照明线路的敷设和照明装置的设置。

8. 熟悉外电防护、防雷知识。

9. 了解电工仪表的分类及基本工作原理。

10. 掌握常用电工仪器的使用。

11. 掌握施工现场临时用电安全技术档案的主要内容。

12. 熟悉电气防火措施。

13. 了解施工现场临时用电常见事故原因及处置方法。

A.2 安全操作技能

1. 掌握施工现场临时用电系统的设置技能。

2. 掌握电气元件、导线和电缆规格、型号的辨识能力。

3. 掌握施工现场临时用电接地装置接地电阻、设备绝缘电阻和漏电保护装置参数的测试技能。

4. 掌握施工现场临时用电系统故障及电气设备故障的排除技能。

5. 掌握利用模拟人进行触电急救操作技能。

建筑电工安全操作技能考核标准（试行）

B.1 设置施工现场临时用电系统

B.1.1 考核设备和器具

1. 设备：总配电箱、分配电箱、开关箱（或模拟板）各1个，用电设备1台，电气元件若干，电缆、导线若干。

2. 测量仪器：万用表、兆欧表（绝缘电阻测试仪）、漏电保护器测试仪、接地电阻测试仪。

3. 其他器具：十字口螺丝刀、一字口螺丝刀、电工钳、电工刀、剥线钳、尖嘴钳、扳手、钢板尺、钢卷尺、千分尺、计时器等。

4. 个人安全防护用品。

B.1.2 考核方法

1. 根据图纸在模拟板上组装总配电箱电气元件。

2. 按照规定的临时用电方案，将总配电箱、分配电箱、开关箱与用电设备进行连接，并通电试验。

B.1.3 考核时间

90min。具体可根据实际考核情况调整。

B.1.4 考核评分标准

满分60分。考核评分标准见下表。各项目所扣分数总和不得超过该项应得分值。

考核评分标准

序号	扣 分 标 准	应得分值
1	电线、电缆选择使用错误，每处扣 2 分	8
2	漏电保护器、断路器、开关选择使用错误，每处扣 3 分	8
3	电流表、电压表、电度表、互感器连接错误，每处扣 2 分	8
4	导线连接及接地、接零错误或漏接，每处扣 3 分	8
5	导线分色错误，每处扣 4 分	4
6	用电设备通电试验不能运转，扣 10 分	10
7	设置的临时用电系统达不到 TN-S 系统要求的，扣 14 分	14
	合计	60

B.2 测试接地装置的接地电阻、用电设备绝缘电阻、漏电保护器参数

B.2.1 考核设备和器具

1. 接地装置 1 组、用电设备 1 台、漏电保护器 1 只。
2. 接地电阻测试仪、兆欧表（绝缘电阻测试仪）、漏电保护器测试仪、计时器。
3. 个人安全防护用品。

B.2.2 考核方法

使用相应仪器测量接地装置的接地电阻值、测量用电设备绝缘电阻、测量漏电保护器参数。

B.2.3 考核时间

15min。具体可根据实际考核情况调整。

B.2.4 考核评分标准

满分 15 分。完成一项测试项目，且测量结果正确的，得 5 分。

B.3 临时用电系统及电气设备故障排除

B.3.1 考核设备和器具

1. 施工现场临时用电模拟系统 2 套，设置故障点 2 处。

2. 相关仪器、仪表和电工工具、计时器。

3. 个人安全防护用品。

B.3.2　考核方法

查找故障并排除。

B.3.3　考核时间

15min。

B.3.4　考核评分标准

满分 15 分。在规定时间内查找出故障并正确排除的，每处得 7.5 分；查找出故障但未能排除的，每处得 4 分。

B.4　利用模拟人进行触电急救操作

B.4.1　考核器具

1. 心肺复苏模拟人 1 套。

2. 消毒纱布面巾或一次性吹气膜、计时器等。

B.4.2　考核方法

设定心肺复苏模拟人呼吸、心跳停止，工作频率设定为 100 次/min 或 120 次/min，设定操作时间 250s。由考生在规定时间内完成以下操作。

1. 将模拟人气道放开，人工口对口正确吹气 2 次；

2. 按单人国际抢救标准比例 30∶2 一个循环进行胸外按压与人工呼吸，即正确胸外按压 30 次，正确人工呼吸口吹气 2 次；连续操作完成 5 个循环。

B.4.3　考核时间

5min。具体可根据实际考核情况调整。

B.4.4　考核评分标准

满分 10 分。在规定时间内完成规定动作，仪表显示"急救成功"的，得 10 分；动作正确，仪表未显示"急救成功"的，得 5 分；动作错误的，不得分。

参 考 文 献

［1］ 黄代高. 建筑电工 ［M］. 北京：中国劳动社会保障出版社，2011.

［2］ 白公. 建筑电工操作技能手册 ［M］. 北京：机械工业出版社，2008.

［3］ 李仲书. 建筑电工 ［M］. 重庆：重庆大学出版社，2007.

［4］ 向波. 建筑电工实用技术 ［M］. 北京：高等教育出版社，2006.

［5］ 门宏. 图解电工技术快速入门 ［M］. 北京：人民邮电出版社，2006.

［6］ 辽宁省建设科学研究院. 建筑电工 ［M］. 沈阳：白山出版社，2009.

［7］ 周丽丽. 建筑电工 ［M］. 北京：化学工业出版社，2008.

［8］ 李鑫. 建筑电工从新手到高手 ［M］. 北京：机械工业出版社，2011.